WHAT IS MY KID THINKING ABOUT?

我的孩子在想啥？

李 茜 编著

成都时代出版社

我的孩子在想啥?

这是很多父母面对的难题:

孩子每天早晨起床的时候为啥不开心?

孩子为啥不愿把想法告诉我?

孩子为什么总是爱把自己关在屋子里?

孩子为什么总是喜欢扔东西?

孩子随手涂鸦的画里究竟蕴藏着什么?

孩子为什么总喜欢把手插进口袋里?

当我和孩子在一起的时候,我是让他像我,还是让我像他?

每位父母都在为自己的孩子操心,每位父母都希望孩子像自己期望的那样成长。世间万物各不相同,孩子的问题亦是如此,面对孩子的种种问题,许多父母常感到茫然不知所错,就好像明明知道目的地在彼岸,却找不到横渡之舟。

胎儿期 与孩子的内心交流,有助于建立胎儿与父母之间的温情、相互信任等的情感联结,对胎儿的身体、智力和心理发展都有着积极重要的作用。

婴儿期 是孩子大脑神经细胞发育最重要的时期,也是决定孩子一生发展的关键期。这个时期的心理发展显得尤为重要。

幼儿期 是家庭对孩子影响最大的时期。家庭的环境与氛围、父母的言传身教对孩子的心理、情绪、态度和行为,以及成年后的兴趣、信仰、行为方式和价值观念等的形成均有较大的影响。

儿童期 孩子入学是走向社会的起点，他们的生活环境、人际关系都发生了重大变化，是孩子心理发展的一个重要转折点。

青春期 是人体第二个生长发育高峰期，也是孩子人格形成的重要时期，更是孩子心理发展最关键的时期。这时期孩子的心理变化非常明显。

决定孩子成长的因素，有时是环境，有时是教育，有时是心理。

什么样的水，养什么样的鱼。健康孩子的成长需要好环境、好父母以及父母的好心态、好的心理学方法。父母是孩子最好的老师，父母也是孩子最好的心理师。别以为孩子的心理很简单，父母只有走进孩子的内心世界，先懂他（她），才能再爱他（她）。父母要学会消除孩子成长中的心理障碍，为孩子煲好"心灵鸡汤"，为孩子种下成功的种子。

"孩子身上无小事"，父母不能用成人的眼光去判别孩子的行为。在孩子成长的过程中，稍有不慎就有可能影响孩子一生的发展。如果把握住了孩子各个年龄阶段的心理特征，父母就能掌握促进孩子心理发展的主动权，就能更好地培养和教育孩子。

本书融专业性、知识性、可读性和趣味性于一体，全面介绍了0_18岁孩子的心理学知识，并重点讲述了经常被父母忽略的孩子幼儿期的心理教育；书中援引了大量典型的故事和案例，贴近现实生活，将晦涩的专业知识寓于轻松的故事中，教你从脸型、眉毛、眼睛等表情细节以及肢体语言、生活细节上了解孩子内心，揭示不同时期孩子的心理成长特点，让你在轻松愉快的阅读中快速了解和掌握孩子的心理历程。本书作者还介绍了父母应该怎样用学到的心理学知识教导孩子的方法，并提出了许多心理应对方案，用科学关爱的"养料"滋养快乐的"幼苗"。

 目录 **Contents**

第一章

孩子
在想啥,
真的重要吗?

孩子是天使，是祖国的未来，是每个家庭的希望。孩子的抚育、教育与成长，是全社会最为关注的话题之一。那么，从出生到18岁，是什么导致了孩子不同兴趣的养成、不同个性的产生呢？孩子成人之前，充满不可预知的种种可能与方向，足以令每一位疼爱孩子的父母，对自己的孩子充满殷切的期望……

那么，作为孩子最可依赖的家长，我们该如何在日常生活和教育当中，充分引导孩子，将孩子人性当中善良、积极、上进的一面发扬光大呢？对于错误的、负面的人生观念和环境，我们又该如何为孩子筑起一道屏障呢？这是任何一个时代和社会均不可忽视的重要课题。面对当下的社会状况，对这个课题深入研究显得更为迫切。下面，我们试图先从孩子心理发展的角度，结合全球儿童心理学研究的传统结论与现代成果，进行初步的探讨。

"不能让孩子输在起跑线上"，几乎是每一位父母的心声。那么如何做到这一点呢？许多父母认为就是要让孩子从小掌握更多的技能，这样就能赢在起跑线上，于是就出现了还在上幼儿园的孩子们像明星赶场一样，一个晚上要参加几个诸如钢琴、绘画、英语之类课程的现象。孩子失去了玩耍的时间，被弄得疲惫不堪，孩子会快乐吗？而半强制似的兴趣培养，甚至会让孩子失去了学习未知知识的兴趣，以及对外面世界探索的好奇心。

其实，一个孩子成年进入社会后，他能否顺利适应社会，并为社会所接受，成为一个具有良好适应性和自我认知力的社会健康人群之一员，决定因素并不是他拥有多少技能，而在于他的心理是否健康、人格是否完善。许多孩子输在了起跑线上，并不是他少上了几门课，而是父母们缺乏对孩子心理的了解，教养方式不当，使孩子的性格趋向负面发展。

一、孩童时的心理会影响成年后的行为
Does Children's Psychology Effects Their Behaviour after Grow up

一个人对己、对人、对事物的态度和行为方式都能表现出自己的心理特征：有的平和，有的急躁；有的宽厚，有的刻薄；有的温柔，有的粗暴；有的博爱，有的自私；有的坚强，有的懦弱；有的乐观，有的悲观……这些都是人的个性特征，是形成一个人性格的最主要的元素。这些性格的养成，是从一个人出生之后就开始的。

俗话说，"三岁定一生"，就是因为儿童时期的经历将影响甚至决定着一个人性格的形成。任何一位父母都不希望自己的孩子性格不正常，但如果父母在孩子的早期给予孩子的只有负面的伤害、打击与阻碍，那么孩子的性格很可能发生偏差，向负面发展。阅读下面几个例子，孩童时期的经历对性格形成的影响就可见一斑！

1. 负责任的小小图书管理员：比尔·盖茨的童年故事

1965年的美国西雅图景岭小学有一个名叫比尔·盖茨的小学四年级学生，他很喜爱阅读，常常主动到学校的图书馆帮忙。管理员给他安排的任务是归整放错了位置的书，小盖茨觉得这个工作像当侦探一样充满乐趣，十分投入地干了起来。第一天，他找出了好几本放错位置的书；第二天，他去得更早，工作得更卖力了。

就这样小盖茨度过了非常有意思的两个星期，可是他们要搬家了，小盖茨需要转校到另外一所新学校就读。小盖茨只能依依不舍地离开了这份他热爱的工作，并且还担心："我走了，谁来整理那些站错了队的书呢？"

可是，到了新学校小盖茨才发现，新学校的图书馆不让学生帮忙。失望之下，小盖茨向父母强烈要求，要转回原来的学校。爸爸妈妈看小盖茨如此坚持，便由小盖茨的爸爸承担起汽车接送任务，将他转回了景岭小学。

读完这个故事，有些父母可能觉得小盖茨的父母太"迁就"孩子了。可是，这种"迁就"，是对孩子求知欲的理解和配合，是对孩子敬业精神的鼓励。可以说，比尔·盖茨后来成为全球最著名软件公司及互联网技术的领导者、世界首富，与其从少年时代起，就一直得到父母积极、良好的教育和支持是紧密相关的。

启示一：**要保护孩子的兴趣。**爱因斯坦说过，兴趣是最好的老师。从心理学上分析，如果父母不尊重孩子的意愿，压抑孩子的兴趣，既不易发挥孩子的天赋，还可能使孩子变得敏感、自卑，严重的还会趋向自闭，产生厌世心理。

启示二：**理解孩子，多站在孩子的立场思考问题。**孩子并不是父母的私有财产，家长要注意营造民主、和谐的家庭氛围，遇事多考虑孩子的想法，从他们的角度思考问题，看什么是真正的为孩子好，只要孩子在理，就应当大力支持。

启示三：**保护孩子的社会责任意识。**小盖茨所做的整理图书的工作完全是公益性的，这样就很容易培养孩子的责任心和爱心。正是这种从小培养出来的社会责任意识，让比尔·盖茨在事业成功后，积极投入社会公益事业，也为全球富翁们树立了公益行为的典范。

2. 不沉迷玩乐的勤奋学生："铁娘子"撒切尔的童年故事

玛格丽特·撒切尔夫人出生于一个平民家庭，她的父亲罗伯茨是一个鞋匠的儿子，通过自己的努力开了一个杂货店维持一家人的生计。从小，罗伯茨就着手培养孩子的独立能力，给玛格丽特安排一些力所能及的事情。此外，他还谆谆教导玛格丽特要有主见，不要随波逐流。

玛格丽特上学后惊讶地发现，她的同学有着比她更为自由和丰富的生活，他们可以去街上游玩，可以一起玩游戏、逛街、野餐……这一切，都深深地吸引住了年幼的玛格丽特，她幻想着有一天也能与同学们自由自在地玩耍。

一天，她终于鼓起勇气对父亲说："爸爸，我也想跟同学一起出去玩。"罗伯茨的脸色马上暗了下来，说："你必须有自己的主见！不能因为你的朋友在做某件事情，你就也得去做。你要自己决定你该怎么办，不要随波逐流。"见玛格丽特沉默下来，父亲便放缓语气，耐心地劝导她说："孩子，不是爸爸限制你的自由，而是你应该要有自己的判断力，有自己的思想。现在是你学习知识的大好时光，如果你想和一般人一样，沉迷于玩乐，那样一定会一事无成。我相信你有自己的判断力，你自己做决定吧。"

听罢父亲的话，小玛格丽特再也不吱声了。父亲的一席话深深地印在了她的脑海里。她想：是啊，为什么我要学别人呢？我有很多自己的事要做呢。刚买回来的书我还没看完呢。

正是因为父亲罗伯茨经常这样耐心教导女儿，让她坚持自己的主见、自己的理想，才帮助玛格丽特成长为一个特立独行、坚强自信、立场坚定、做事果断的女性，成为英国历史上第一位女首相，并以自己的个性魅力在相当长的一段时间里影响了整个英国乃至欧洲，被誉为"铁娘子"。

3. 事业顺利的白领女子为什么会有强烈的自卑感？

一位母亲带着她21岁的女儿找心理师咨询，因为她女儿找了一个比自己条件差很多的男性作为恋爱对象。母亲反复劝阻无效，不得已才向心理师求助，希望心理师能帮助她做通女儿的思想工作。

通过母亲的叙述，了解到：这位漂亮的女儿大专毕业后就在深圳的一家外资公司工作，因英语能力出色，事业一直处在上升阶段。此时，公司里两位主管级的男生分别对女儿表示了想交往的愿望，这两位男生的条件都不错，但女儿却断然拒绝了这两位男生的追求，与一位各方面条件差很多的男生交往。这个男孩子因家境贫穷，十几岁就辍学出来打工，一直生活在社会的最底层，与女孩儿所处的白领阶层确实存在相当的差距。做母亲的使出浑身解数来反对，非但没能阻止俩人的交往，女儿甚至向母亲宣布，两个月后会辞去现有的工作，随男孩子到东莞开始同居生活。听完母亲的叙述，心理师问女孩儿："你觉得你自卑吗？"女孩儿回答："是的，我很自卑。"接下来，在心理师的要求下，女孩儿叙述了在她眼中她们母女之间的关系，并举出了令她印象深刻的例子。女孩儿说，从小母亲对她的要求就很严格，她很少听到母亲对自己的赞赏，更多的是听到母亲指责她做得不够好。她记得五年级时，一次因为没有按时完成作业而受到老师的批评，老师将此事告知了家长。晚上回家后，母亲让她坐在桌前，扔了两包老鼠药在桌上，同时严厉地对女孩儿说："你这样做让我很丢脸，活着还有什么意思？干脆咱俩一人一包老鼠药，死了算了！"女孩儿说，当时她在内心与自己对话：人的生命就这么不值钱吗？因为一次没完成的作业就得死啊？

通过这个女孩儿的故事，父母应该意识到，过多的指责只会让孩子丧失自尊，形成不良的自我意识，从而在某些方面缺乏自信。这位女孩儿在恋爱时，放弃条件好的男孩儿，转而与条件不好的男孩儿交往，是因为担心自己不够好，不能让条件好的男生一直爱自己，索性找个条件不如自己的，这样就不会被人抛弃了。这种行为是缺乏安全感的表现，与女孩儿早期的成长环境是有直接关系的。当心理师把这位女孩儿的心态分析讲给母女俩的时候，女孩儿连连点头，说她就是这么想的。而母亲则相当惊讶女儿的恋爱行为居然与自己的早期教育有关。后来，母亲说了一段令人印象深刻的话。她说在她与心理师谈话之前，她从不认为女儿所表现出的这一切与她的教育有关，她一直认为自己是个负责任的母亲，给女儿的是最好的教育，一切都是为了女儿好。

从这个案例中，父母应该了解到，学会了解孩子在不同时期的心理需求，在孩子需要时给予正确的引导，对孩子的性格养成是非常重要的，是帮助孩子获取未来成功的奠基石。就像农民种地一样，只有了解何时施肥、何时喷药，秋后才能有一个好收成！

4.马加爵杀人案：童年经历对反社会人格形成的深刻影响

几年前，云南大学在校生马加爵杀人案成为轰动全国的新闻。人们对于马加爵身为大学生做出如此匪夷所思的行为感到不解——他与被害者并无深仇大恨，为什么一定要通过杀人这种方式来解决问题呢？

不过分析一下马加爵的早期经历，我们就不难找到马加爵杀人行为的原因。

马加爵出生在一个贫困山村的贫困家庭中。由于家庭贫穷，自小就处在一个受歧视、被人瞧不起的环境中，年幼的马加爵渐渐形成了自卑而内向的性格。那时的马加爵，只能寄希望于通过考上大学来改变自身的命运，这个信念几乎成为他青少年时期应付各种歧视的精神支柱。但当他如愿地考入大学后，他发现自己的境遇并没有得到改变，他依然受到歧视，依然不能与大部分的同学建立起友情。除了家境贫困的原因外，从小缺乏与同龄人正常交往的经验，是其中最重要的原因。

心理学认为，人格在18岁形成，18岁之前的经历对人格形成有重要影响。所谓人格，就是一个人相对稳定的为人处事的态度。18岁前的马加爵一直处在一个备受歧视与凌辱的生存状态，年幼的他渐渐地形成了看待世界的角度：认为周围的人都是不好的，由这些不好的人组成的社会也是不好的，因而就形成了反社会人格。反社会人格有个特点，就是伤害他人不会内疚，因为他认为都是别人对不起自己——这也就解释了马加爵为什么会因为打牌中同学的一句戏言就动了杀机的原因。

以极端形式报复社会，是反社会人格的一个特点。许多重大恶性案件的制造者都是反社会人格。从马加爵的案件中，我们再次可以看出早期童年经历对于一个人性格养成的重大影响。

二、我们的孩子心理健康吗？
Is Our Children'Psychology Healthy?

儿童与青少年的体格、智力、心理都处于发育期，且处于成长期——这段特殊时期的孩子的内心都较为敏感，对外界刺激反应较为强烈；同时又因为缺乏适当的表达能力，以及词汇量的欠缺，使得孩子在出现心理问题时也无法跟大人有效沟通，所以面对自己的问题他们常会通过一些怪异的行为来表达，如为博取父母的关爱而假装生病、以顶撞父母的方式来掩饰内心的悲伤，等等。

此外，儿童时期是正逢利用周围环境建立自我概念的阶段，如果能及早与孩子沟通，及时解决孩子的心理问题，对孩子自我概念的建立也会少走弯路。但是若拖延解决问题的时间或对问题置之不理，那么对孩子的影响就较大，甚至造成不可挽回的损失。

因此，每一位父母都要学

会分析孩子的行为，理解孩子好奇、喜爱探索和模仿的心理特点，同时多将孩子的心理特点、行为方式与同龄的孩子相比，看您的孩子是否健康；另一方面，家长应在教育子女的态度上达成一致，创造良好的家庭氛围，从小培养孩子勇于面对困难、克服困难的精神，确保孩子健康发育，正确面对人生。

1. 什么是儿童心理问题

所谓儿童心理问题，也称"儿童问题行为"或"儿童行为障碍"，是指儿童在身心发育过程中，由于心理冲突、外界刺激或生理机能失调等因素导致的心理方面的障碍和不适当行为。

通常，儿童的心理问题分为一般性和严重性两类。一般性的心理问题包括口吃、尿床、怯生、不吃饭、暴力、逃学、说谎、好动等，通过父母观念的调整，与孩子进行有效沟通，了解孩子的心理，多接纳、多支持、多鼓励孩子的良好行为，就可帮助孩子走出心理阴霾，健康生活；严重性的儿童心理疾病，包括强迫症、自闭症、孤独症、抑郁症、学习障碍、适应障碍、癫痫、儿童期精神分裂症等等，需要送孩子到医院接受专业的治疗与训练，让孩子早日适应外界环境。

一般来说，孩子的心理问题是可观察到的，通过孩子的举止，如穿衣、吃饭、说话、游戏等，观察孩子的行为是否有障碍，是否危害孩子自身或他人的安全，就可以判断出您的孩子心理是否健康。

通常来说，儿童的问题行为包括以下几个方面。

（1）行为不足

行为不足指所期望的行为很少发生或从不发生。如孩子到了2~3岁都还不会说话或很少说话、不愿意与同龄人接触、不会自己穿衣吃饭、智力发展迟缓等，都是行为不足的表现。

（2）行为过度

行为过度是指某一类行为，或正常行为或异常行为出现太多。如经常吃手指、反复洗手、上课做小动作扰乱他人等，都是行为过度的表现。有些正常行为如果发生次数太多，也是有问题的表现。

（3）行为不当

行为不当是指某些心理表现或行为在适宜的条件下不发生，却在不适宜的情境中发生。如悲伤时大笑、欢乐时大哭、将喜爱的玩具丢弃等。

2. 孩子心理健康的标准

儿童心理状况受很多外在因素的影响，如家庭和学校的环境，父母与老师的教育方法，以及同龄人、父母、老师的言行等等。其中，社会、家庭、学校是造成儿童心理问题的三个主要因素。家庭是儿童首要和主要的生活环境，父母是孩子最初的老师，因此，家庭环境的优劣和父母的榜样作用是影响儿童心理发展最重要的因素。因此，当孩子的心理出现一定的问题时，父母首先应该从反省自己做起，尽力为孩子提供一个良好的环境，来确保孩子的心理健康。

儿童心理是否健康目前尚无统一测量标准。而且心理健康是相对的，不能要求儿童在所有的时间都有良好表现。根据儿童的心理活动特点，通常来说，心理健康的儿童应该具备以下特点。

（1）正常的智力

智力是指一个人的聪明才智，即观察、记忆、领悟、注意、想象、思维和推理等多种心理能力的综合体现。正常发育的智力指智力发展水平与实际年龄相符，是心理健康的重要标志之一。如何促进孩子正常智力的发育也是家庭教育中的重要课题。

智力随年龄增加而提高，遵循"用则进，废则退"的原理，它受先天因素的影响，不过也可通过有意识的教育发展起来。孩子的智力水平是有差异的，只要基本符合该年龄阶段的智力发展水平便属正常。一般来说，儿童智商在80分以上属智力正常，低于70分属智力落后，智力落后于实际年龄属心理发育异常。

不过少数儿童具有超常智力或特殊才能，其智商在120分以上，对这部分儿童的教育父母需要特别注意孩子心理的发展，如果身心发展不平衡，可能导致社交能力与适应能力等方面的缺陷。

（2）积极的情绪

心理健康的儿童，能适当表达和控制自己的情绪，情绪多呈现积极、乐观、满意等状态，并能保持相对稳定；而伤心、挫折、困惑、悲哀等消极情绪出现较少，且持续时间通常很短。

处于正常情绪状态的孩子通常活泼开朗，对他人宽容大方，能尊重他人，适应社会环境的转变；而心理不健康的儿童对陌生环境反应敏感，常表现出缺乏自信、焦虑恐惧、恐惶不安、羞怯等情绪，或伴有某些生理反应，影响孩子的正常社会生活。

（3）较强的好奇心和记忆力

心理健康者的心理活动与心理发展年龄特征是相适应的，一个心理健康的儿童通常有较强的好奇心和记忆力，对新鲜事物会显得好奇兴奋、念念不忘。如果一个孩子对任何新鲜事物，甚至对于自己感兴趣的东西都表现得漠然冷淡，那么孩子的心理肯定是处于一个不健康的状态。

（4）良好的人际关系

儿童的人际关系主要是指他们与父母、同龄人以及老师之间的关系，从这些人际交往中可以反映出儿童的心理健康状态。

心理健康的孩子乐于与人交往，有积极良好的人际关系。能友善宽容地与别人相处，待人真诚坦率，善于和同伴合作与共享；理解与尊敬他人，慷慨友善，能与人平等、友好、和谐地相处；善于学习他人长处，也容易被别人理解和接受。而心理不健康的儿童则通常没有融洽的人际关系，多猜忌，有严重的嫉妒心，且喜欢凌弱欺小，对人漠不关心，缺乏同情心。

（5）良好的性格

心理健康的儿童在日常生活中基本能保持诚实、谦让、勇敢、乐观、热情、自尊、自爱、自重等正常人格，对自己有充分了解，善于学习他人长处，发扬自己的优点，同时对缺点也能充分认识，能自觉地去完善自己；有自己的理想，对未来充满信心，学习上能不断突破自己，取得更好的成绩。

同时还具有较强的自信心和自控能力，乐于助人，与人为善，能正面客观地评价他人；热爱生活，善于发现生活中的美好与乐趣，不因挫折而失去信心，能正确面对困难与失败，及时调整心态和行为。

3. 怎样鉴别孩子的心理异常

现实生活中，有些儿童的心理介于正常儿童与精神障碍儿童之间，其心理和行为变化达不到心理障碍的程度，或者变化的持续时间较短，都称之为"儿童心理问题"。它是儿童心理发育过程中出现的一些不太严重的心理及行为问题，如咬指甲、口吃、吮吸手指、胆小、多动、说谎、尿床等等。

当孩子的心理行为或情感表现与同龄的孩子不一样，或者明显与生活的环境相抵触时，大部分的父母都能对此引起重视，但同时也感到疑惑，不知道孩子的哪些表现是异常的，是否应该带孩子咨询心理医生。下面介绍一些儿童异常心理的常规表现，父母们应根据孩子的具体情况予以鉴别。

（1）孩子的心理和行为表现与年龄不符

某个年龄阶段常见的、正常的行为，到下一个年龄阶段依旧存在，就可能是儿童心理异常引起的。例如，3岁的儿童夜间尿床是正常现象，但是8岁或10岁还尿床，就不正常了；3岁前的孩子多有吮吸手指的习惯，随着年龄增长这个习惯会逐渐改正和消失，若不消失，则是一种异常心理的表现。

（2）特殊心理表现出来的频率很高

某种不太正常的情绪和行为经常出现，如孩子经常表现出胆小、恐惧、忧郁或兴奋，父母应留意孩子是不是存在一定的心理问题。

（3）特殊心理表现持续的时间长

在发展的某个阶段，每一个孩子都可能出现一些特殊的心理或行为表现，如怯生、行为古怪、胆小、易怒、注意力不集中等，随着时间的推移会自然消失。短暂的情绪异常父母不需特别在意，但若这种心理状态持续的时间很长，数月甚至数年都这样，父母就需要特别关注了。

（4）特殊心理表现的严重程度

孩子的特殊心理或行为是否正常，还可从表现程度上加以鉴别。相比其他同龄孩子，如果儿童的某种心理和行为表现特别严重，如无论在什么场合，总爱和父母顶撞，总爱骂人、打人，那么父母就应注意孩子是否出现了心理问题，应尽早咨询心理医生，对孩子的这些行为进行及时矫正。

（5）心理反应是否与周围环境相适应

如果孩子常常忽视现实具体情况，忽视周围环境以及他人语言或行为的提示，也是出现心理问题的信号。

4. 呵护孩子心理健康的重点事项

儿童时期是培养孩子健康心理的黄金时期，人的各种习惯和行为模式都是从孩童时期开始形成的。如果有一个好的开始，那么孩子的思想品德和智力发展更可能向健康的、积极的一面发展；如果父母对孩子的心理状态漠不关心，或者忽略对孩子心理的护理，那么孩子健全的人格和健康的心理就会形成得比较困难，甚至向反方向发展。因此，专家提醒父母、老师和其他关爱孩子的人士，要想让孩子形成健康的心理，不但要给予他们良好的教育，还应注意以下几点：

（1）不要过分关心孩子

过度的关心容易使孩子过度地以自我为中心，养成不关心他人、自私、狂傲的性格，认为人人都应该尊重、讨好他，这样易使孩子养成为自高自大的性格。

（2）不要贿赂孩子

如果经常用金钱或者物品贿赂的方式让孩子听话，那么很可能让孩子失去对权利与义务的认知。父母一定不要贿赂孩子，要采取正常的教育方式，如让孩子做家务来交换更多的游戏时间，让孩子理解权利与义务的关系，不尽义务就不能享受权利。

（3）不要太亲近孩子

人是社会型的动物，家长要留意不要太亲近孩子，把孩子"捆"在身边，要鼓励孩子多与同龄人交往，一起学习和游戏，才能让孩子学会与人相处的方法。

（4）不要勉强孩子做不能胜任的事情

只有不断地取得成功，孩子的自信心才会不断壮大。如果经常勉强孩子做不能做到的事，只会打击孩子的自信心，让孩子养成自卑、退缩的性格。因此，父母要注意设置给孩子任务的难度，同时教导孩子如何使用求助的方式，而不是一味地死干、硬干。

（5）不要对孩子太严厉、苛求甚至打骂

父母对孩子太严厉，动辄用打骂来敦促孩子，很可能使孩子形成自卑、胆怯、逃避等不健康心理，甚至导致孩子说谎、暴力、反抗、离家出走等异常行为。

（6）不要欺骗和恐吓孩子

经常欺骗和恐吓孩子会磨损亲子间的信任感，使父母丧失在孩子心目中的权威。

（7）不要当众批评或嘲笑孩子

孩子也是有面子的，如果父母不顾孩子的自尊心，当众嘲笑、批评或责骂孩子，很可能造成孩子怀恨和害羞的心理，损伤孩子的自尊心和自爱心。

（8）不要过分夸奖孩子

对孩子的适时夸奖是很必要的，但如果过分夸奖也极易使孩子养成沽名钓誉、自大自满等不良心理，父母应把握这个度。

（9）不要对孩子喜怒无常

对待孩子，父母要保持耐心、保持情绪的平稳。如果父母对孩子喜怒无常，让孩子摸不着头脑，很可能使孩子敏感多疑、情绪不稳、胆小畏缩。

（10）要帮助孩子去分析他所处的环境

当孩子遇到困难时，父母应采取帮助、启发的方式，而不是代替孩子去解决困难。如孩子在学习上遇到困难，应该采取讲解、说明的方式帮助孩子，引导和启发孩子解决问题的思维方向，而不是帮孩子做作业、回答问题，这样才能让孩子学会动脑，学会分析和解决问题的方法和思路，而不仅仅是会解某一道题，或找到某一个问题的答案。

5. 家庭教育新观念

时代的进步、变革和发展使家庭结构和人际互动方式发生了很大改变，孩子接触的信息和生存渠道也越来越多。要满足孩子对事物的多样需求和理解，就要求父母树立新的家庭教育观念，确定教育标准，扩展教育内容，让孩子赢在起跑线上。

（1）心理健康和身体健康都重要

正直永远是第一位的，一定要重视孩子的道德健康。要想适应竞争日益激烈的生存环境，在现今国际化、全球化的社会环境里取得更好的成绩，除了优秀的学习

亲切而耐心地对待孩子

成绩，孩子的道德、心理和身体健康都是最重要的成功因素，也是衡量家庭教育质量的三大标准。其中心理健康又决定着一个人的思想和道德取向，所以父母也应加强对孩子心理的呵护。

（2）学会做"弹性父母"

每一个孩子都有自己独特的性格特点，要成为合格、成功的父母，首先父母自身必须是独立成熟的人，能够处理和解决好自身的日常事务，然后根据孩子的特质，处理好自身和孩子的需求，并根据现实情境做出弹性调适，使自己和孩子的需求同时得到较大程度配合和满足。

这个道理看似简单，却是父母们最容易犯的一个错误。很多父母往往不假思索、未加分辨地按照自己以往童年的方式和感受来对待孩子、替孩子选择，所满足的其实是他们自己的需求与理想，而不是孩子的。因此，为人父母者一定要用心体会，清楚孩子的身心特质与真正需求，这样才能成为一个理性而又有弹性的父母。

另外，现今社会日趋多元化，获取信息的渠道更多，亲子关系可以是师生式，也可以是朋友式的。要成为怎样的父母，有赖于各位父母积极主动地探索和选择。

（3）家庭教育内容应更广泛

家庭教育是一个相对比较宽泛的概念，按常规来理解，家庭教育的内容主要是德行教育、文化教育或特长教育。然而，随着社会信息的不断增长，家庭教育也需要增添更多新的内容，如理财、网络等，也是父母应该关注的内容。

有些家长认为，抚育孩子的首要环节是要照顾好他们的生活，负责他们的吃喝拉撒；此外，就是帮助孩子阅读、学习和学特长，认为抚育和文化教育是家庭教育中最重要的两项。

事实上，除了抚养和文化教育，针对孩子的特殊需求，娱乐教育和生理教育等也是父母需要开始重视的教育内容。比如说，小孩子小时候都会问父母"我是从哪里来的"，以前的父母多采取回避或说谎的方式来解决孩子的疑问，但是现今获取信息的方式发达，如果孩子的疑问没有得到解答，反而可能使他们更好奇，通过网络、电视等途径去寻找答案，从而使他们接触到不健康的内容。因此，如果父母给予正确的引导，告诉他们真实的答案可能还更好。

6. 不利于孩子心理健康发展的家庭类型

家庭是个人最初的活动场所，家庭中的各种习惯是孩子最初接触到的行为规范，对一个人的行为习惯和性格的形成有着重要影响，父母应该营造良好的家庭氛围，为孩子的成长打下良好的基础。以下三种家庭类型均不利于孩子心理健康发展，应注意避免。

（1）专制型家庭

家长是绝对权威，子女绝对服从，这样的家庭很容易使孩子形成自卑、胆怯、被动或者逆反、暴力等不良心理。

别把孩子锁在家里

（2）溺爱型家庭

溺爱型的家庭将孩子视为家庭中心，父母对孩子百依百顺，有求必应。这样的家庭很容易让孩子养成幼稚、自私、自我的性格，而且会使孩子依赖性强、独立性差、人际交往能力差，较难适应社会。

（3）放任型家庭

有些父母无暇或无力照顾孩子，对孩子采取放任不管的方式，在这样的家庭中成长起来的孩子通常独立性和适应性较强，但是由于缺乏父母的关爱、关心、帮助与监控，也容易出现意志力不强、人际交往能力差等问题。

溺爱和放任只会产生"问题儿童"

Know What are Children Thinking about in One Minute

第二章

1分钟读懂孩子在想啥

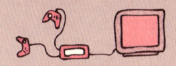

尽管随着社会的发展、科技的进步，网络、手机等沟通工具越来越普遍，家人之间沟通的方式和渠道也越来越多，可是许多父母却感到与现在的孩子的沟通却越来越困难。这几乎成了当代社会生活当中，一个颇具共性的问题了。

但是您知道吗，"窥一斑而知全豹"，孩子的一举一动、一言一行、一颦一笑，其实都在向父母传达着微妙的信息。对孩子充满关爱的父母只需稍微提高自己的观察力，留心孩子的表现，1分钟就足以让您读懂孩子，明白他的心里在想啥了。

一、性格写在孩子的脸上
Character Showed on Children's Face

情绪是一种即时的心理状态，而长期下来相对稳定的、具有核心意义的个性心理特征就是一个人的性格。性格表现了人们对现实和周围世界的态度，并表现在对自己、对别人、对事物的态度和所采取的言行上。

研究表明，性格的养成需要一个较长的时间，可能是数年，也可能是一生；性格的养成过程也不是一成不变，而是经常转变的，极易受到外界的干扰，尤其是未成年的孩子，性格更容易起变化。比如父母可能发现，以前开朗活泼的孩子突然变得内向、安静了；以往特别胆大、勇于尝试新鲜事物的孩子突然畏首畏尾起来等等。如果放任孩子保持一个消极、负面的心理状态，那么很可能孩子原本正面的性格转向负面；而通过适当的引导与教育后，负面性格转向正面性格的例子也屡见不鲜。

不过，教育家提出，在孩子性格转变的过程中，孩子的五官都在无形中传递着孩子内心复杂而又微妙的信息，可以真实、准确地反映出孩子的心理、情绪、性格和态度等。想要读懂孩子的心理，父母首先要学会观察孩子的面部表情，及时发现孩子情绪的转变，以做好及时的引导，避免孩子的性格向负面转变。尤其是对那些不善沟通、不善表达的孩子，父母平时应更加留意观察，以免孩子的性格养成后才后悔莫及。

1. 读脸，一分钟看清孩子的情绪变化

我们所说孩子的面容主要是指其面部表情，而不仅是长相。面容是精神的直观表现，孩子尤其如此。面部很容易表现出高兴、害怕、伤心、愤怒等诸多感情，从面部丰富的情绪表现中，可以看出孩子的心理变化。

有专家做过一个非常有趣的实验，让几十个孩子来画一个人，无论孩子画的是男人也好、女人也好，甚至是外星人，无一例外，孩子一定会先画出脸。因此，专家总结：由于孩子的生理尚未发育完全，性格的转向往往就会通过脸部先传达，孩子的潜意识里也会有意识地用脸部去表达想法。

（1）脸是孩子情绪的小屏幕

古希腊大哲学家苏格拉底也是一位著名的教育家，他非常重视对孩子心理的研究。他认为，某一时刻孩子的表情是可以反映孩子当时的心理状态的，如果表情出现大的变化很可能孩子的心理也出现了大的震荡。

相传，有一天苏格拉底在街上闲逛，遇到一个男孩子哭着要母亲为他买一个玩具，孩子哭得很厉害，母亲却很固执，坚决不给孩子买。有很多人围着这对母子，都劝母亲，你就把玩具买了吧。

苏格拉底也对母亲说："你们为什么要僵在这里呢？"

母亲说："这孩子平时并不是这样的，从来不哭，很听话，今天不知道是怎么了。而且我们要赶着去学校见老师！急死我了，他死活不肯走！"

苏格拉底对母亲说："如果你的孩子平时不是这样的，那么我建议你就不要给他买，以免改变孩子以往的正面性格。而且我觉得孩子并不是真的想要玩具，你仔细看看他，虽然在大哭，眼珠却在左右晃。"

苏格拉底笑着对孩子说："孩子，其实你不想让妈妈去学校见老师，对吗？是因为成绩不好吗？"

孩子马上停止了哭泣，惊讶地看着苏格拉底，不好意思地承认并不是真的想要玩具，而是不想妈妈去见老师。

这个故事告诉我们：脸可以真实地反映孩子的情绪，父母通过观察孩子的面部表情和肢体语言，对比以往孩子的表现，就可以推断出孩子的心里到底在想啥。

一般来说，脸泛红晕，是孩子羞涩或激动的表示；脸色发青发白，是生气、受惊或异常紧张的表示。

如果父母发现平时内向、羞涩的儿子近来笑容满面，那么父母就应该想到，孩子也许结识了一位有好感的女生。此时，父母就应该与儿子沟通，确认是否确有其事，并加以引导，让内向的孩子有意识地去调整自己的心态，以及如何正确地与心仪的女孩子相处；同时也要让他明白早恋的害处，正确处理这段感情。

（2）脸型与性格的关系

一个人的脸型往往由父母双方的基因决定，但是先天的脸型也会随着后天的生活状态、心理状况、社会环境和个人经历的不同，发生较大的变化。经教育心理学家通过大量的统计资料研究发现，孩子的脸型在一定程度上可以反映出其具有的某些性格。

①乐观的圆脸

圆脸的孩子面部肌肉厚实而圆润，这种脸型的孩子，通常给人以可爱、亲切、老实的感觉。研究表明，这种脸型的孩子总是很乐观，对周围环境感到安全舒适，天生具有乐天、积极、有趣和引人喜爱的潜质。

因此，专家建议，在与这类型的孩子交流时，父母更多的是要扮演倾听者的角色，因为乐观、外向的他们不知道什么是忧郁，总是乐于把生活中一些有趣的、好玩的事情拿来和父母分享。当然，这个标准并不是绝对的，圆脸型的孩子也不排除忧郁派，家长应根据自己孩子的实际情况给予关注、教育与引导。

②忧郁的瓜子脸

瓜子脸多见于女孩，瓜子脸的典型代表是《红楼梦》中的林黛玉。这种脸型的女孩，通常具有秀气、忧郁的气质，平时不爱与人说话、沟通；此外，这种脸型的孩子有着很好的顺应性，富有理性，是个理性主义者。

因此，专家建议，如果您的孩子属于这种类型，那么一定要注意沟通与培养的方式。方式得当，孩子往往也会打开心扉，亲子感情亲密而深厚；如果父母的态度很严厉，亲子感情就可能变得疏远而淡薄，并直接影响孩子的性情，使孩子变得苛刻，甚至刻薄。

特别需要强调的是，这种类型的孩子通常自尊心很强，如果他们的自尊受到伤害，不管程度轻重，都会让他们感觉打击甚重，并且对伤害他们的人心存怨恨。所以父母一定要注意，无论怎么生气，也不要说伤害孩子自尊心的话语，否则对孩子的影响甚大。

③冷酷的倒三角脸

倒三角脸型就是眼睛和额头的部位宽、腮骨不明显、下巴短而尖，脸型随着往下巴的方向慢慢变窄，形成上宽下窄的倒三角形。这种脸型的孩子身体多半也瘦弱、娇小。倒三角脸型的孩子做起事来一丝不苟，他们通常还有强烈的虚荣心，喜欢受人瞩目，同时也很关心引人注目的事物；性情中有优柔寡断的一面，还有细腻而浪漫的一面，大多数会带有难以接近的气质，可能还会有洁癖，因而使人感觉难以相处。

专家建议，与这类型的孩子相处，父母要以一种平等、尊重的方式与孩子进行沟通，给孩子以信任与信心；此外，可以多鼓励孩子参与社交活动，训练孩子的勇气与社交能力，使孩子往乐观向上的性格转变。

④坚强的国字脸

国字脸，又称方脸型，特征为脸形方正，方额头、方下巴和发达的脸颊骨是这种脸型的主要特征。这种脸型的孩子通常具有积极、开朗的气质，意志力坚强，能勇于面对和解决困难，遭遇挫折后也能很快振作；此外，他们性格外向，富有行动力和正义感，对决定好的事情都会坚持执行下去，异常固执，缺乏周转的余地；他们不喜欢迁就，容易与人有冲突，但是很讲义气，是做朋友的上好人选。

对这种类型的孩子，父母要给予开明、多提供意见的指导，让孩子自己明白事情的双面性；同时积极鼓励孩子乐观、坚强的一面，让孩子勇于面对自己的人生。

⑤谦虚的细长脸

细长脸的孩子面部较长，鼻子和嘴巴相对较小，下巴呈方形。这种脸型的孩子通常对细微琐事考虑得比较周到，对独自研究和探索某项知识有一定的热忱，适合从事专业技术路线，如工程师等职业；此外，他们善于与人沟通，对人谦虚、有礼，乍看起来通情达理，但事实上很难表达清楚自己的想法，因此在与人交往时会造成一些不必要的麻烦。

对这种类型的孩子，父母应注意培养孩子的特长，满足孩子的好奇心；同时注意培养孩子的表达技巧，提高孩子的沟通技能。

2. 解读眉毛，了解孩子的潜意识

据美国教育学家考恩斯研究发现，孩子很难去隐藏或改变面部表情的细微变化，而这些变化最能透露他们的所思所想，反映他们的性格。面部表情中，当眉毛又最能表露一个孩子的心理：当眉毛向下靠近眼睛时，表示他更愿意与人亲近；眉毛向上挑时，则表示他需要时间去适应现在的状况，希望得到他人的尊重。因此，观察孩子的眉毛变化，是直接读懂孩子内心所想重要的一环。

（1）如何解读孩子的皱眉

孩子皱眉的情形，往往出现在厌烦、反对等情绪之下，最常见的皱眉原因包括防护性和侵略性两种。防护性的皱眉主要是为了保护眼睛，通常表现为上下挤压式皱眉，即眉毛往下压，两颊肉往上挤，但眼睛仍然睁着观察外界，一般在突遇强光照射、强烈情绪反应时出现，是典型的退避反应；而侵略性的皱眉主要是出于自我防御，是担心自己侵略性的情绪会激起对方的反击。

父母在对孩子进行教导，或与孩子讨论问题时发现孩子出现皱眉反应，那么家长应该反思下是否哪句话言语表达不够得当，或者对孩子表现出了不耐烦、生气等情绪，然后及时进行改正，有必要的话也应向孩子进行道歉，以免激发孩子的逆反情绪，对孩子的心理造成不良影响。

（2）如何解读孩子的扬眉

很能体现扬眉这一动作含义的词就是"扬眉吐气"，它体现了一个人酣畅淋漓、高兴痛快的样子。扬眉时，眉毛会向两边分开，眉间伸展，同时额头会向上挤，形成水平的条纹。这个动作，能扩大视野。

孩子双眉上扬时，常表示他的心里非常高兴或极度惊讶；而单眉上扬时，则可能表示他对父母所说所做有疑问或者不理解；当孩子受到惊吓时，可能会用皱眉的动作来形成保护，也可能用扬眉的动作来扩大视野，一探事情的究竟。具体来说，威胁严重时，孩子会牺牲扩大视野的好处，皱眉以保护眼睛；待危机减弱时，则会牺牲对眼睛的保护，扬眉以看清周围的环境。

（3）如何解读孩子频频闪眉

闪眉是指眉毛先上扬，然后瞬间下降的过程。孩子做这个动作时，很多父母视为"古怪"，事实是当孩子频繁做这个动作时，更多是表示对某一件事情的好奇，或是表示友善。

据教育家观察发现，孩子的闪眉动作往往比成人夸张，出现的频率也高数倍。这主要是因为对孩子来说，想了解的新鲜事物非常多。教育家强调，父母和老师应善于观察孩子的这一动作，并将其充分利用起来，因为闪眉之后的5分钟是孩子学习新知识的最佳时机。这段时间内，孩子对面前的事物怀有最大的兴趣，传授知识也就最有效。

（4）如何解读孩子突然耸眉

耸眉是指眉毛先扬起，停留片刻，再下降。耸眉与闪眉的区别在于耸眉时中间有一个停留的时间，且耸眉常伴随嘴角的快速下撇动作。耸眉伴随的嘴形是伤心、忧郁的，所以它通常表示孩子一种不愉快的惊奇，或是孩子的无可奈何。不过，孩子在兴奋地讲故事、说话时，通常会做一些小动作来形象地表现或强调他所说的话，说到兴奋时，也会不断地耸眉。

不过，总的来说，孩子出现这一动作时，那一刻的情绪是偏向低沉、失落的，所以家长如果发现孩子处于耸眉的状态，应及时予以沟通，认真倾听孩子的话语，并对孩子做出同悲的共鸣反应，或其他的沟通反应，会让孩子感觉自己受到关爱与关注。

3. 眼睛，心灵的窗户

德国著名的儿童心理学家海尔默曾经说过："灵魂储藏在孩子的心中，闪动在孩子的眼里。"眼睛是心灵的窗户，无论孩子的心里在想什么，父母都能从孩子的眼睛里找到答案，因为孩子的眼睛不会说谎。

同时，眼睛与眉毛的变化总是连接在一起的，当眼睛发生变化时，眉毛也会跟着变化，眉眼一起展示着孩子面部神情的细微变化。通过观察孩子眉眼间的变化，父母就能很清楚地了解孩子的情绪与心理状况。

此外，分析眼睛的动作也应与分析嘴部的动作联系在一起，这样能帮助父母更好地分辨孩子的情绪。有时候，父母可能会发现孩子的嘴在笑，可眼睛却没有相应的表现，那么孩子很可能是在假笑，父母应该学会辨别。

（1）眼型与性格的关系

眼睛，是人类心灵世界的直接反映，与性格类型有很大的关联。

①眼睛深陷

深陷型眼睛是指眼窝深陷，低于眉毛与额骨，眼神深邃。这

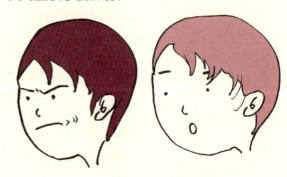

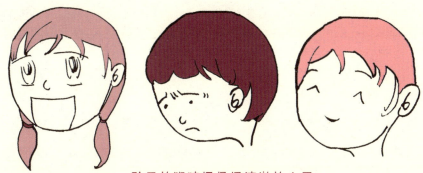

孩子的眼睛里是最清澈的心灵！

种眼形的孩子通常喜欢探究、善于区分细节，经常将生活中的事件放大观看，因此这类孩子对待事情和交友都十分挑剔。

②两眼相近

两眼相近是指两眼头间的距离较短的眼形。这种眼形的孩子通常能在某一方面取得较大的成就，但同时在某一方面又会比较失败、较难得到认同；此外，这类型的孩子对待失败，喜欢找客观理由当借口，有疑心重的倾向。

③两眼分开

两眼分开是指两眼头间的距离相对较长的眼形。这种眼形的孩子通常很有爱心，喜爱帮助别人，做事会为他人着想；对失败也看得很开，对挫折承受力较高；而且他们从小就会有明确的理想，会朝着自己的奋斗目标不断前进，同时不会为暂时的失败所困，局限自己的视野。

④大眼睛

大眼睛的孩子通常好奇心较大，喜爱尝试任何事情；他们的心思也较简单，对人真诚，比较天真。但是不要认为大眼睛的孩子就很呆、很笨哦，相反他们很机灵、反应很快，父母可能都招架不住。

⑤小眼睛

小眼睛的孩子通常其貌不扬，但很有乐感和亲和力。在孩子成长的过程中，可能因为眼睛小而遭到同学嘲笑，父母应培养他们的幽默感，用幽默巧妙化解嘲笑。小眼睛的孩子比较聪明而且踏实，通常学习成绩都较为优秀，未来也适合从事研究工作。

⑥眼皮下垂

下垂型眼睛是指眼皮沉重下垂，感觉总像没有张开来似的。这种眼形的孩子通常很可爱，但给人感觉精神不足，好像随时能睡着的样子。但是不要以为他们就很木讷，在沉重的双眼后面，可能隐藏着一颗清醒的头脑，因为喜欢观察和思索，他们常常能够在乱中取胜。

⑦斜视眼

斜视眼是指双眼不能同时注视目标，一只眼睛向前望时，另一只眼睛则会偏离正常的位置，向内、外、上或下偏离。有斜视的孩子多是出于保护自己，以免别人察觉他/她的情绪，是孩子缺乏安全感、为求谨慎的一种表现。这类型的孩子通常会隐藏自己的情绪和想法，以一种自我保护的态度，从谨慎的角度去评估周围的环境、父母、老师或朋友。

作为父母，在排除孩子病理性斜视的情况之后（病理性斜视应尽早带孩子就医），应认真分析孩子观看方式异样的原因，找出家长自身的不足，尽快改变，与孩子建立起新的交流、沟通方式，拿出更多的关注给孩子，给孩子更多的宽容、鼓励与赞扬，让孩子转变成一个乐观向上、易于与人沟通的自信的孩子。

⑧炯炯有神

眼睛炯炯有神的孩子通常精力旺盛，眼睛时刻迸发光芒。这种眼型的孩子天生是个领导者，具有领袖气质，多是"孩子王"，他们的眼睛有说服他人的魔力。而且拥有这种眼型的孩子也比较善于思考和观察，具有良好的发展前景。

（2）如何解读孩子的眼神和视线

一个人情绪的变化首先会反映在眼神和视线上，尤其是还没有学会掩饰自己情感的孩子。眼神的明亮变化，视线的移动、方向和集中程度等都表现出孩子不同的心理状态。通过观察孩子眼神和视线的变化，父母可快速读懂孩子的心态和情绪的变化。

①交谈时长久凝视对方

在与人交谈时，眼睛一直注视对方、很少转离视线的孩子，一般较为诚实，并且孩子希望给谈话对象留下深刻的印象。

②交谈时紧盯父母眼睛

如果孩子想在和父母的争辩中获胜，那他们就会把眼睛紧紧地盯住父母的眼睛，一刻也不会离开，以示坚定。但是，当孩子与父母就某个观点进行讨论时，如果孩子非常想说服父母接受自己的意见，那么他会首先主动转移视线。这在心理学上叫做"30秒效应"：当双方视线接触时，先移开眼光的人，就是胜利者；相反，因对方移开视线而耿耿于怀的人，就可能胡思乱想，以为对方嫌弃自己，或者与自己谈不来，于是在无形中对对方有了芥蒂，从而完全受到对方的牵制。孩子虽然可能不知道这个效应，但却经常无意中运用。

③目光躲闪

如果和你谈话时，孩子低着头，眼睛躲闪着，不敢和父母目光相对，或者觉得不自在或心虚，他就会把目光移开，减少被察觉真实心态的可能性。那一定是孩子觉得自己犯了错误，怕受批评。父母可以先等一等，看孩子能不能自己承认错误；如果孩子不说，父母可追逐着孩子的目光，用微笑和探询的表情鼓励孩子说出真相。孩子承认错误后，父母要肯定他的勇气，相信他能改正，并告诉他仍然爱他。同时，家长还需要根据自己孩子的性格来判断孩子为何转移视线。

④漫不经心且出现闭眼反应

如果孩子和你谈话时，他漫不经心而又出现闭眼姿势，你就要考虑暂停话题。你若还想与孩子做有效的沟通，那就要主动地随机应变。

⑤温和注视

如果孩子想和你建立良好的对话环境，他可能会以60%～70%的时间注视你，注视的部位是两眼和嘴之间的三角区域，这样信息的传接，会被父母正确而有效地理解。如果孩子迫切希望得到你的肯定或达到某种目的，那他可能会以期待的目光与你接触，这是常用的温和而有效的表达方式。

⑥怒目而视

孩子怒目而视，说明孩子认为父母处理某事不公平，他很不满意。此时，父母不可压制孩子，应该反思究竟，给孩子申辩的机会，以理服人。

⑦目光自信、眉飞色舞

孩子目光自信、眼神轻松、眉飞色舞，说明孩子高兴。父母也应流露出喜悦情绪，分享孩子的快乐。

⑧目光游移，左顾右盼

孩子目光游移，左顾右盼，是孩子拿不定主意的时候。父母要鼓励孩子说出自己的想法，和孩子一起就某件事的可能性做出合理的判断。

⑨首先移开目光的是谁

与陌生人初次见面时，若孩子经常先移开视线，那么他的性格较为主动。

讨论话题时，持续移开目光，可能是孩子对当前话题不感兴趣的信号，也可能是有些疲倦也说不定；孩子视线转移也可能是由于对方眼光过于犀利，不愿与之接触，或对自己在谈话中的位置没有自信心而造成的。

（3）瞳孔变化的秘密

瞳孔的条件反射作用众所周知：遇到感兴趣的、吸引人的、令人快乐的事物，瞳孔会放大；反之，遇到不愉快的、感觉无聊的事物，瞳孔会缩小。通常在很暗的环境里，为了更多地采光，瞳孔会扩大；而在明亮的光线下，瞳孔则会收缩。孩子瞳孔的变化幅度比成人更大。

例如，研究者做过一个这样的实验，让孩子们观看5张图片，图片上分别是玩具、母亲、帅气的男孩儿、漂亮的女孩儿和婴儿，然后观察男孩、女孩在观看这些照片时的瞳孔反应。其结果是：男孩的瞳孔在看到玩具、母亲和漂亮女孩儿时会扩大；而女孩则是在看到帅气的男孩儿和婴儿时瞳孔扩大。因此，研究者提出这样一个理论，即孩子的瞳孔在其对某种事情有积极情感时扩大，有消极情感时收缩。

因此，通过观察一个人瞳孔的放大和收缩，其实就可以看出一个人内心复杂多变的心理活动。

因为瞳孔的开合是由植物神经来控制的，所以即便老成的孩子能在表情、肢体上伪装出无动于衷的样子，也无法掩饰瞳孔的变化——瞳孔会泄露人的情绪，无论是成年人还是孩子。通常，当一个孩子感到高兴、快乐、兴奋时，他的瞳孔就会扩大到平常的四倍；相反，如果感到生气、厌恶、消极时，他的瞳孔就会收缩到很小；若瞳孔不起变化，则表明孩子对所看到的物体和所发生的事情不感兴趣，甚至觉得无聊。

4. 鼻子，情绪传达的特别通道

鼻子在整个面部的中央，高高耸立，极为醒目。我国古代相术认为鼻子掌管着人一生的财运；在西方文化中，鼻子象征着性，属于比较重要的器官。既然人五官中的眼睛、嘴巴甚至眉毛都能显示一个人的性格，鼻子当然也不能例外。从鼻子的形状中我们可以或多或少窥到孩子的性格。

财富　财运　事业　……　情绪传达

（1）鼻子与性格的关系

①长鼻

表示孩子的性格会有向沉闷、不善言语发展的倾向。未来孩子可能会成为富有理性的人，性情踏实、稳重，适合从事科技、研发等工作，并成为可靠的中坚力量。因为理性且低调的特点，他们喜爱孤独享受孤独，社交能力不是很强。

②短鼻

与脸型相比鼻子过于短小的孩子，通常学习成绩相对较弱，上课注意力不集中，也不大用功，且有些"蔫儿淘"，家长也拿他们没办法，只能多加管教。通常这样的孩子意志力较为不坚定，观点不够鲜明，易受他人影响。但和长鼻的孩子正好相反，他们个性开朗，有较好的人缘，但也较容易被人说服。

③希腊鼻

有如希腊雕塑中经常看到的鼻子形状，鼻梁高耸、非常挺直。这种孩子最幸运，关键时总会有贵人帮助，再加上孩子自身的努力，在学业和事业上都会做出一番成绩。这种鼻形的孩子，一般具有与生俱来的追求高尚精神品位的倾向，善加引导，会对艺术有很好的理解力和才能。但家长需要特别注意，因为孩子理想主义的人格，以及骄傲自大的特性，易遭受打击和周围人的嫉妒，应尽早教育与引导，养成其宽容、忍耐、坚强的性格。另外，这类孩子的洁癖，也往往让周围人感到反感。

④矮小鼻

表示这类孩子遇事可能发怵，不能独当一面。即使勉强让他们去做一些事情，也可能使其感到压力过大而放弃。这类孩子个性上比较被动，甚至懒惰，缺乏改变生活的勇气，如果失败，也很难有再次振作的能力。对这类型的孩子，宜按照孩子的接受能力，一步一步来培养，切不可操之过急。

⑤凹陷型

凹陷型的鼻子是指鼻梁不是一条直线，也不是隆起，而是凹陷的。这种鼻形的孩子性格比较开朗，易于与人交往，且给人留下好感。

⑥直线型

这种鼻形呈一直线，既没有希腊鼻的高耸，又不比矮小鼻更低矮，大约介于两者之间。这类鼻形的孩子头脑清晰，工作、人际交往大都顺利。但这类型的孩子对自己的事情考虑太多，有时候界线分明，对细小事情计较太多，也比较自私。

⑦鹰钩型

鼻子的形状像鹰嘴一样，鼻尖向下垂成钩状，这种孩子最显聪明，"鬼点子"多，但通常不用在学习上。但这也反映出他们聪明过人的一面，因为他们能想到别人根本想不到的计划。对这类型孩子的培养，重点要注意养成他们刻苦学习的习惯，因为越是聪明，就越容易聪明反被聪明误。另外，对他人缺乏宽厚与关爱甚至冷酷残忍，自我有时会陷入悲观绝望之中，关键时刻又冷酷不留情面，是鹰钩鼻型人的特点，应注意培养孩子博爱、乐观的正面精神气质。

⑧段鼻

有此鼻相的孩子多半是顽固之人，性格具有强烈的攻击性又欠缺协调性，生性顽固而不知"退一步海阔天高"的道理，也正是这样而经常得罪人。

⑨大鼻孔

若鼻子小但鼻孔大，或者鼻翼明显的一大一小，则表示这类孩子的理财观念可能有问题，喜欢乱花钱，父母要注意从小培养这类型孩子的理财观。

（2）不要忽视孩子的"鼻语"

父母在观察孩子面部表情时，常把注意力放在孩子的眼睛上，而忽略了孩子鼻子的变化。事实上，鼻子也可以传达孩子的心理、情绪，乃至性格的特质。

通常孩子鼻子皱起，表示对事物的厌恶或不满；"嗤之以鼻"，表示轻蔑；鼻孔张大、鼻翼翕动，则表示生气、愤怒；鼻子稍微胀大，表示对事物有所不满，或情感有所抑制；鼻头冒汗，表明孩子的内心特别焦躁或紧张；鼻子整个泛白，表示他有所畏缩；鼻孔朝着对方，有瞧不起人、藐视对方的意思；而鼻孔朝天，代表着一种"傲慢"的心理，好像一切都在他们之下。

当孩子鼻子朝天，而又不直视父母时，这表示孩子极度不认同家长的话，或对家长特别有意见。这时孩子非常不愿意与父母继续说话，并希望占据谈话的上风。这样一种姿势表示出一种傲慢的态度，眼睛望向父母的头顶而不是与父母的目光接触。这样的时候，家长应该对孩子强调：不管你多么愤怒，多么不认同父母的观点，但你必须尊重父母，这是大家讨论和解决一切问题的前提和基础。

细心的父母会发现，孩子在思考难题或者极度疲劳的时候，会用手捏鼻梁；特别无聊或者遇到挫折的时候，则常用手指挖鼻孔。这些触摸自己鼻子的动作，都可视为自我安慰的信号。

孩子不安时，手往往会很自然地挪到鼻子上，捏揉自己的鼻子，或下意识地做挤压鼻梁等动作，以释放内心的冲突或压力感。鼻子，在这个时候成为安慰自己、平静思维的管道。这样的表情，往往出现在以下的情形之下：当父母问孩子一个难以回答的问题时，当孩子解不开一个谜语时，当孩子为了掩饰内心的混乱，而勉强找出一个答案应付时。这些情形也常出现在不会撒谎的孩子身上。

由遗传生物学的结论可知，人们鼻梁下的鼻窦部位在紧张时，会产生轻微的痛感，于是用手指捏揉鼻梁，可以减轻疼痛。

一般来说，男孩子的鼻子比女孩子的要大。如果某个女孩子的鼻子、下巴特别大，那很可能是由于体内的睾丸酮成分过多的缘故，而且这样的女孩很可能具有固执的、争强好斗的性格。

5. 从嘴形窥探孩子的内心

嘴是发声器官的一部分，是脸部运动范围最大、最富有表情变化的部位。嘴部的惯常动作，也往往能影响一个人先天形成的嘴形，形成具有性格特征的后天嘴形。因此，从嘴形的分析也可以窥探出孩子的内心想法。

通过嘴形也可以了解孩子的心理哦！

（1）嘴形与性格的关系

嘴为"出纳官"，不同的嘴形代表孩子不同的内心思想，不过根据嘴形判断心理时，配合嘴部的动作变化，会更准。

①新月形

新月形也称仰月形，是指唇角上扬。这种孩子性格开朗，情感丰富，有幽默感；同时思路清晰，头脑灵活，意志力强，学习能力强，总是能很快地找到适合自己的学习方法。

②伏月形

伏月形的嘴巴嘴角下垂，这种嘴形的孩子性格谨慎，喜欢独来独往，与其他孩子不太容易相处。对于脾气怪异、外表冷峻的他们，如何让伏月形嘴的孩子变得更乐观、积极，是父母应该关注的。

③四字形

嘴巴像汉字的"四"字，上下嘴唇都厚。这种孩子性格敦厚温和，老实厚道，富正义感，头脑也很聪明，对于学习和所做的事有种钻研的毅力和耐心，因此这种嘴形的孩子做事比较容易成功。

④一字形

一字形嘴的上唇与下唇紧闭呈一字，这种孩子通常有信念、意志力强，个性是认真中又带点儿固执。

⑤修长形

这种嘴形的孩子通常性格开朗，儒雅有礼，诚实守信，社交能力也不弱，通常具有文艺才华或驾驭文字能力较强，比新月形的孩子安静，又比四字形的孩子活泼，可以说是一个个性圆满的嘴形。

⑥承嘴形

承嘴形下唇突出，好像要承接住下嘴唇一般。这种孩子通常爱讲歪理，任性自私，较难得到同龄人的喜爱。不过，这种孩子的忍耐力很强，较易获得成功。

⑦盖嘴形

盖嘴与承嘴相反，是指上唇突出，好像要盖住下唇一般。这种孩子讲道理，有义气，个性强，有着比较完美的人格形象。

那些笑容背后!

⑧撮嘴形

撮嘴形是指嘴唇撮起，好像用嘴吹火般。这种孩子个性很强，独立性强，有时候难免粗野、顽固，好说他人闲话，因此影响社交能力和人际关系。

（2）从嘴部动作观察孩子的心理活动

嘴唇有四种基本运动方式：张开闭合，向上向下，向前向后，抿紧放松。另外，嘴角可形成多种嘴角弧度，不同的弧度也形成了不同的嘴部动作。

嘴部动作中最经典的是笑，这是人类最美丽的面部动作，也是最能观察出孩子情绪的一个动作——不同的孩子有着不同的笑法，嘴部动态会有所差异。

①捧腹大笑

喜爱捧腹大笑的孩子多心胸开阔、性格正直，极富爱心和同情心，能包容他人。当别人犯了错，他们能从别人的角度考虑问题，给予宽容与谅解；当别人处于困境时，也会及时伸出手来给予帮助；他们还是大家的开心果，极富幽默感，总能带给别人快乐。

②微笑

经常保持微笑表情的孩子，性格多内向、害羞、不善言语，但心思缜密、头脑冷静，善于观察周围的事物，能做出最有利于事情发展的各种判断。这种类型的孩子很善于隐藏自己内心的真正情感，父母要与孩子多沟通，了解孩子内心真实的想法。

③狂笑

平时沉默少语，但笑起来时却一发而不可收拾。这类孩子通常性情随和，人缘很好，善于营造和谐的人际关系。但也因大大咧咧的脾性，容易得罪他人而不自知。父母应注意培养这类孩子细心、耐心的性格。

④眯眼笑

有些孩子笑起来时几乎不发出声来，只能从他们眯起的眼睛和弯曲的嘴角看出他们在笑。这类型的孩子通常性格倔强固执，不爱与人沟通；对人不够坦诚，发生事情时也常假装不知道；平时性格温和但生气时会大发脾气。不过，这类孩子通常有一定的艺术天赋，才艺甚佳，但因为他们不愿与人合作，常难成大事。

⑤偷笑

小心翼翼地偷着笑的孩子，大多内向、保守。与人相处时，通常表现很有礼貌，甚至有些腼腆。这类孩子通常对自己和他人的要求都很高，如果身边的朋友达不到自己的要求，他们的心情就会受到影响。这类孩子也常违拗自己的需求，刻意顺从家人的安排，是较具有两面性的矛盾性格。

⑥柔和的笑

笑声柔和平淡者多为女孩。这类孩子性格较为沉着与稳重，即使有重大事情发生，也能保持头脑的清醒和冷静；善于分析问题，化解纠纷与矛盾；此外，由于他们平淡柔和的性格，也较易成为朋友中的"主心骨"。

（3）从嘴角弧度来观察孩子的内心世界

据专家调查发现，当孩子的面部表情较小时，从他们的嘴角弧度也可以判断出孩子的性格和当时的心理状态。

①嘴常抿成一字形

有这样习惯的孩子性格通常比较坚强、理性，对于父母和老师交给的任务一般都能及时有效地完成，学习成绩较好，善于规划自己的理想。

②常用力抿嘴

平时有用力抿嘴习惯的孩子，可能耐心比较差；孩子进行这个动作时很可能是在积攒怨气，准备进行口头攻击，一旦情绪失去控制，孩子就会大爆发，哭闹不止。

③常将嘴巴缩起来

喜欢把嘴巴缩起来的孩子，做事认真仔细，但是心眼较小，不愿与人沟通，喜欢一个人钻牛角尖。

④嘴角往上翘

嘴角往上稍稍翘起的孩子，性格活泼外向，心胸豁达，头脑机灵，为人随和，善于处理社会关系，与人能保持良好的关系。

⑤嘴角往下撇

嘴角老是往下撇的孩子通常性格比较固执、死板，并且内向、沉闷，不爱说话，也很难被说服。

（4）从交谈时的嘴唇形状了解孩子的情绪

在交谈时，孩子嘴部的动作，也有极为明显的象征意义。

①上嘴唇绷紧

在与人交谈时，如果孩子绷紧上唇，可能是正在压抑内心悲伤、痛苦的情绪。

②咬住嘴唇

若咬住嘴唇，说明孩子有在用心听你的话，同时在认真思考。

③撇嘴

说明孩子可能正在怀疑你所说的话，想找理由来反驳你。

④上下嘴唇一起前撅

若是上下嘴唇一起往前撅，说明孩子正在建立自己的心理防御。

⑤说话时常舔嘴唇

说话时如果孩子常舔嘴唇，很可能是在压抑内心的兴奋与紧张。

6. 其他面部细节

（1）下巴是孩子个性的象征

下巴的形状也常能表现出孩子的个性。

①四角形下巴

四角形下巴的孩子通常意志力坚定，有很好的领导才能，勤奋上进，有实际的行动能力。父母需要注意的是，这类孩子通常待人冷漠，不善交际，要有意识帮助孩子提高社会交际能力。

②细尖下巴

下巴细尖、脸颊消瘦的孩子属于典型的艺术型人，对艺术敏感，对美有独特的见解。缺点是耐受力差，性格比较暴躁，有点神经质，抗打击能力较弱，缺乏长远的眼光，协调性也较差。

③圆润下巴

下巴圆润的孩子心地善良，性情温和，有同情心，对父母很孝顺。这类孩子可能缺乏冒险精神，无法从事富有挑战性与变动性大的工作，但平和的脾性会令他们的学习和生活都较为顺畅、圆满，也是较为完美的人格之一。

④宽下巴

宽下巴的孩子性格比圆下巴的孩子强硬些，喜爱探索和研究事物，富有进取心，做事果断干练，能坚持到底。宽下巴的人进取心比较强烈，但仁义宽厚，不会因别人的成绩而心生嫉妒。

（2）孩子头发与性格的关系

头发是人体非常重要的一部分，关系着人的整体形象。从孩子自然生长的头发状态可以看出孩子的性格趋向；此外，从孩子对待自身头发的态度，也可以观察出孩子的心理趋向。

头发也有性格！

①粗硬浓密）密硬浓密

头发天生粗直、硬度高的孩子性格豪爽、不拘小节，待人真诚，做事光明磊落，不玩小聪明，人缘很好。缺点是大而化之，做事缺乏耐心和细致，上进心不足，可以说有懒惰的倾向；如果是女生，会因开朗、爱开玩笑而人缘不错，缺点是贪图安逸享受，不愿付出努力，对学习缺乏兴趣和上进心。如能克服懒惰的习惯，也能有一番不错的作为。

②粗硬稀疏

这种头发的孩子自我意识比较强，喜欢指挥别人，如对方不能令自己满意或感觉自己受到忽视时，就会大发脾气。家长应注意这类孩子的挫折教育，让孩子扩大心量，学会体谅他人、谦虚做人。

③柔软浓密

头发柔软、浓密且很黑的孩子大多心思细密，聪明，学习能力很强，有理想，做事有计划，能很好地安排自己的学业等事务。

④柔软稀疏

头发柔软而稀疏的孩子，敏感且自信。看似温顺的性格，其实内在非常固执。性格坚强，对于所喜爱的事物，有执著的进取心，多适合从事艺术类职业。缺点是具有虚荣心，好出风头，也爱与人辩论，爱自由加上任性，常易得罪朋友。常因健忘和疏忽闹笑话，但心机少却又让他们较为乐天。

⑤自然卷

头发自然卷的孩子个性都很强，喜欢表现自己，很讨人喜欢。但是这类孩子的叛逆期通常持续时间较长，叛逆程度比同龄孩子可能也更强，父母要有耐心引导这类孩子的成长。

⑥喜欢留短发

喜欢留短头发的孩子性格更直爽，做事干脆直接。不过这类孩子容易满足，会安于现状，还容易骄傲，有些还比较自私。

⑦发型赶时髦

喜欢让自己的发型赶时髦的孩子，比较在意老师或家长的赞扬，但一般学习不够努力，上进心也不足，更喜欢关注外在的、时尚的事物。

⑧在意修饰头发

上学或出门玩之前总会把头发梳理得很齐整的孩子，很注重外在形象，在意他人对自己的评价和看法。同时这类孩子对朋友、老师和父母的要求也很高，喜欢吹毛求疵，有完美主义的倾向。

⑨不在意修饰头发

头发自然随意，没有明显的修理的孩子通常对外表不看重，他们对内在的收获更重视，心理相对成熟，能正确对待成功与失败，善于从事情的发展中吸取教训，获得收获。

二、肢体语言揭示孩子的性格
Body Language Shows Children's Character

　　肢体语言又称身体语言，是指借由身体的各种动作，辅助语言或代替语言来达到沟通的目的。肢体语言既包括体型、坐姿、站姿等静态因素，也包括手的舞动、面部微笑以及行走等动态因素。

　　对孩子来说，更容易接收非语言交流所传递的信息，也更擅长用肢体语言表达讯息。孩子使用肢体语言的比率非常高，极易被父母注意，但是其中的含义却极难把握。事实上，肢体语言是有一些基本规则的，如果父母能够细心观察，多了解一点孩子肢体动作所代表的含义，那么就可以快速了解孩子的心理。

1. 肢体语言男女有别

　　父母都知道，男孩与女孩在生理上有巨大差异，但心理上的差异也许是父母更应该关注的。

　　世界各地的教育学家们对男孩与女孩的肢体语言进行了大量研究，他们发现，男孩和女孩因为性别上的不同，肢体语言也存在很大的差异。如：教育学家发现，男孩通常3个礼拜哭一次，而女孩则是一个礼拜哭3次，对这种情况，父母应区别对待；另外，有些肢体语言是有性别差异的，如笑时捂着嘴、喜欢照镜子、走路时扭腰等身体语言都是女孩特有的，如果男孩子出现这样的肢体动作，父母一方面不能嘲笑、批评孩子的表现，另一方面要跟孩子进行及时的沟通和引导，让孩子明白肢体语言的性别差异，以免给孩子造成心理上的不利影响。

2. 体型是衡量孩子性格的重要标准

（1）体型与性格的关系

20世纪美国心理学家科纳林首先将体型与孩子的性格、心理联系起来，并进行系统研究，得出结论：体型是了解性格的重要标准，不同体型的孩子有着不同的性格和心理，且易患的疾病也不相同。根据他的分析，体型大致可以分为四种，其对应的性格分析如下：

①基础四类型

A. 矮胖体型

矮胖体型的孩子气质偏躁狂性，具有外向的性格，心理特点是性急、快速。

B. 瘦长体型

瘦长体型的孩子具有分裂气质，性格内向、羞怯、固执，心理趋向封闭、自我。

C. 强壮体型

强壮体型的孩子具有黏着气质，性格外向、乐观，心理特点是冲动、富有进取心。

D. 发育异常型

发育异常型的孩子有抑郁气质，性格软弱，心理特点是孤僻、不善交际，心理趋向极端封闭。

后来，教育学家们在科纳林的基础上又进行了细致的研究，按照性格判别方法，大致可以依据四种体型来分析孩子的性格。

②现代四类型

A. 脂肪质肥胖型

脂肪质肥胖型的特征是胸部、腹部和臀部脂肪丰厚，整体看上去身体有很多肉。这种体型的孩子

危险的"小胖墩"

早上空气真好啊！

性格兼有开朗、活泼、风趣、积极、善良、单纯等多重性格，另外，具有稳重和冲动的矛盾性格，特别是在孩子心情极度兴奋或苦闷时，这种矛盾性格表现更为明显。

对于这类孩子，一方面父母要注意孩子体重超标的问题，幼儿期是最容易肥胖的阶段，父母要注意孩子因开心或饮食过度而肥胖。另一方面，对这种孩子，正式交流很重要，在交流前，父母要做好功课，让孩子觉得父母是值得信任、值得尊敬的，那之后的沟通就会非常顺利。

B. 略纤瘦而肌体结实型

这种孩子体型特点是外表纤瘦，但肌体很有力量。这类孩子个性强硬、很固执，自我意识特别强烈，做事果断，满怀信心，不论遇到怎样的困难，都能努力不断，坚持到底。

因为这类孩子的自我意识甚强，有些时候会对父母表现出挑战的意味。父母在与这类孩子沟通时，一定要以平等、友好的方式进行，绝不能与之对立，以免激起孩子的逆反心理。这种体型的孩子自信而有能力，父母要注意引导与培养，以免孩子的自我意识太重，误入歧途，变得孤傲、固执，形成猜忌的性格，影响大好的发展前途。

C. 纤瘦型

这类体型的孩子外表纤瘦、虚弱，个性特征是冷淡、冷静，性格复杂、刚强，不易接近。缺点是，对无关紧要的事固执己见、乖僻、倔强，做事呆板，不会变通。与同龄人交往时，会利用一些小手段来达到目的，给人心机深沉的感觉。

对这类孩子的教养，父母一定要保持耐心，循循善诱。因为这类孩子性格复杂、刚强，对待伤害常采取压抑、封闭的方法处理，所以父母要少用批评、指责的方式，而是多用赞美的方式与孩子进行沟通，以达到教育好孩子的目的。

D. 筋骨强壮结实型

这类体型的孩子筋肉和骨骼比较发达，肩膀宽、脖子粗，有从事运动员、军人等职业的潜质。他们的个性特征是坚韧、认真、踏实，可望出人头地，不过性格有些呆板、无趣。

与这类孩子进行沟通时，一定要避免"以貌取人"，不要认为这类孩子没多少想法。父母应该多与他们进行交谈和沟通，了解孩子的性情，培养孩子的爱好和幽默感。

（2）体型反映孩子长远人格的发展

20世纪40年代美国教育学家和医学家们又提出了一种体型与孩子人格发展相互关联的新论点。根据孩子的体型，孩子的人格发展可以分为以下三种基本类型：

内脏优势型（内胚层型）的孩子体型圆润，消化器官发达，其个性特点是平和、宽宏大量、善解人意、好吃、行为缓慢、喜社交。

身体紧张型（中胚层型）的孩子肌肉发达，强壮有力，其个性特点是意志坚定、自信、胆大、精力充沛，有些任性、刚愎、冒险冲动。

大脑紧张型（外胚层型）的人身材瘦长虚弱，神经系统敏感，其个性特点是内向、拘谨、羞怯、热心负责、爱好艺术，但不好社交、懦弱、不够稳重。

3. 手是孩子内心的传感器

手是人的第二张脸，手指尖有着众多的神经末梢，有与外界接触产生敏锐的触觉、温觉、痛觉等功能。孩子的手能说明很多问题，它不像脸那样可以伪装。如果一个女孩子的手细腻光滑，可以看出她日常中极少劳动，多娇生惯养，孩子的性格可能就表现出任性、娇气等特征。可以说，手部能揭示一个人的性格、意图。观察一个孩子的手及手的动作，对了解孩子的性格和心理有很大的帮助。

（1）手型与性格的关系

孩子的手型大致可以分为四大类：

①魅力型

魅力型的手天生修长、柔软，是典型的艺术家的手型。这类手型的孩子气质很好，有丰富的想象力，缺点是对待学习和工作可能毅力不足，对失败的承受能力较弱。父母要注意培养这类孩子不屈不挠、坚持到底的品格。

②肥胖型

肥胖型的手天生柔软、丰厚，这类手型的孩子通常踏实、可爱，相对同龄人更显成熟与稳重，对朋友真诚，值得信赖。不过这类孩子容易满足自己的生活状态，对新事物的接受能力较弱，常有一些自卑的倾向。父母要善于挖掘这类孩子的爱好、兴趣，培养他们对新鲜事物的接受和适应能力，增强孩子的自信心。

③磁性型

磁性型的手手型完美，肌肤细嫩，有如玉器般光滑，具有磁性。这类手型的孩子气质高贵，个性孤傲，对生活品质和朋友比较挑剔。父母要让这类孩子做点家务事，以提高他们的家务能力，同时，让他们从劳动中体会享受与付出的关系，从而学会宽厚、平易近人地与人相处，这样能够多结交朋友。

④瘦弱型

瘦弱型的手天生纤瘦、细长、灵活，是一种比较完美的手型。这类手型的孩子机警、灵敏，动手能力强，对各类事务充满兴趣，不怕吃苦，理财能力也很强。这种手型又被称为"万金油型"手，对这类孩子，父母要善于发现孩子的兴趣，因材施教，培养突出孩子某一面的专长。

（2）手部动作可反映孩子当前情绪

手是人体中触觉最为敏感、肢体动作最多的地方，可以充分表达感情。观察孩子说话时的手部动作，有助于父母读懂孩子的心理。

①手托腮——有心事

当孩子突然什么事都不做，长时间呆坐在一个地方，若身无旁物，眼神空茫，手托住腮部，进入深层思考状态，这个动作表明孩子有心事。

当孩子出现这种情况时，父母首先要对孩子表示尊重，不去打扰，让他自己把事情想完；同时，不打扰也是为避免孩子的深层思考状态不被破坏，不影响孩子大脑思维能力的发育。

等孩子从这个状态中恢复后，父母应主动及时地跟孩子交谈、沟通，帮助孩子释放情绪，理清事件，以免孩子长期处于一个消极、极端的心理状态中，影响其人格的发展、性格的养成。

②抓后脑勺——懊恼、悔恨

当孩子经常用手抓后脑勺，显得非常着急，一副孙猴子的样子时，这说明孩子遇到了问题，或有心事，而又不敢和父母说，只能急得"抓耳挠腮"。

孩子出现这个动作往往是因为内心充满了恼恨、懊悔等负面情绪。所以，一方面父母要引起重视，不要觉得孩子可能是被蚊子咬了，或者是孩子在那穷折腾等；另一方面要做好沟通的准备，与孩子进行平等、坦白的交谈，然后进行适当的引导，而不是指责、批评。

③摩拳擦掌——积极或空虚

在孩子与同龄人、父母或者老师沟通时，或孩子个人活动时，父母常可发现这样一种动作，就是孩子有事没事老摩拳擦掌。

这个动作一方面可能表明孩子对交谈的话题兴致甚高，想去尝试、实施；另一方面也可能是因为孩子内心处于空虚、迷茫的阶段，对事情充满疑问，对人生缺乏明确的方向。

因此，当孩子经常出现这一动作时，父母应及时与孩子进行沟通，了解孩子的真正想法。如果孩子是精神空虚，那么父母应该积极为孩子拓展兴趣，给孩子找点儿事做，帮助孩子找准人生的方向。

④手摸头发——缺乏自信

如果孩子与人交谈或相处时经常出现用手摸自己头发的动作，说明这个孩子缺乏自信，父母要对孩子多进行鼓励与赞美，增强孩子的自信心。

⑤紧握双拳——偏激、冲动

如果孩子经常出现双拳紧握、双眼怒瞪的动作时，说明此刻孩子内心充满偏激、愤怒等负面情绪，父母一定要引起注意。

如果是缺少家庭温暖的孩子经常出现这个动作，那么父母要从调整自我做起，让孩子体会到父母的关爱，体验到家庭的温暖，以免孩子将心里的不满情绪从父母和家庭向社会、同学、学校等转移，形成反社会的人格。

如果家庭氛围和谐，但孩子还是经常出现双拳紧握的情况，那说明这个孩子的个性偏冲动、偏激、极端，未来容易走向极端。父母要注意以轻松、平和的方式，将孩子从偏执的思维和行为习惯中渐渐引导出来，以免孩子形成负面的人格特质，将来走上社会，做出伤害他人、伤害自己的事情。在转变偏执型孩子的过程中，父

一起玩吧！

母一定要重视营造欢快、轻松、民主的家庭氛围，同时最重要的一点，让这类孩子时刻感受到父母对他的爱是丰富完整，且永远不会改变的，这是改变这类孩子的最佳钥匙。

⑥三种掩饰性的手部动作

为了掩饰内心情绪的变化，孩子通常会采取一些手部动作来掩饰他们的内心世界，让父母放松对他们的警惕。以下三种动作是孩子掩饰内心变化的常见姿势：

将双臂抱在胸前是成人常见的姿势，孩子有时也会用来掩盖其忐忑不安的心理，好像"用手遮住心，妈妈就不会看到"。

与孩子交谈时，父母常会看到孩子摸袖口，这个动作是孩子下意识掩盖紧张情绪的标志。

孩子有时会用一只手抠另一只手的指甲，这个姿势通常表明孩子此刻觉得心虚、无所适从。

4. 腿部动作比面部表情更能看出孩子的心理

现在父母与孩子沟通时已经习惯观察孩子的面部表情，但是与父母打交道多了，孩子就开始掩饰自己的面部表情，但很少有孩子知道如何伪装肢体语言，尤其是双腿的动作。父母在与孩子沟通时，如果发现孩子的语言与肢体语言互相矛盾时，那么就要善于观察孩子的肢体动作，鉴别出孩子内心真实的想法。

当孩子与父母交谈时，如果孩子的双脚方向不断改变，朝向内或朝向外，而不是朝向交谈的对象，说明孩子此刻不想交谈，想终止这场对话。

交谈时发现孩子突然双脚交叉，代表孩子有些紧张或是觉得受到威胁，父母要及时调整语言和气氛，以免引起相反的效果。

如果孩子将身体向后移，然后翘脚而坐，这是孩子自信的表现，代表他喜欢目前的谈话内容，父母可继续谈话内容。

5. 坐姿也能反映孩子的心理

坐姿能反映一个人的性格特征和他当时的心理。通过观察孩子的坐姿，父母也可以了解孩子的性格和心理。

（1）落座时的动作是最直观的判断依据

孩子落座时的动作和方式是判断孩子当时的心理状态的最直接的依据。在他人面前猛然而坐的动作表明孩子心神不宁，或有不愿告诉父母或他人的心事；身体逐渐向椅背靠拢，双腿向前伸出，整个身体呈舒适、深深地坐在椅内的方式表明孩子很放松，有着较强的心理优势；喜欢将椅子翻转过来，椅背在前，跨骑而坐的孩子一般自我意识较强，霸气较重；喜欢面对他人而坐的孩子渴望被对方理解，比较好交流；直挺着腰部坐下的孩子是对对方有尊重、顺从与信任的倾向；浅坐在椅子上是孩子处于心理劣势，缺乏安全感的表现。

（2）及时纠正孩子跷二郎腿

跷二郎腿是性格散漫、态度消极的象征。如果孩子与父母交谈、学习时，以及进行其他各种活动时都喜欢跷着二郎腿，说明孩子的性格越来越向散漫、随性、非积极的方向发展。因此，当孩子出现跷二郎腿的动作时，父母要及时纠正，并监督孩子改掉这个不良的习惯，从小培养孩子"坐有坐样儿，站有站样儿"。

如果孩子是在与父母交谈时突然跷起二郎腿，这说明孩子对交谈的话题没有兴趣，继续交流下去成效也不大，父母可择日再与孩子沟通。

（3）双手放在大腿两侧所反映的心理

坐着的时候常把手放在大腿两侧，露出双腿的孩子天资聪颖，学习刻苦，领导力强，善于处理社交关系，有理想，不怕困难，具有坚持力。

如果是交谈时出现这个姿势，那可能表明孩子很有自信，对交谈的人比较信任，即便双方观念不一致，也不影响双方的感情。

（4）蜷缩而坐是孩子状态不好的表现

有的孩子与父母交谈时会蜷缩而坐，或者随着交谈的进行身体慢慢蜷缩起来，这是孩子对交谈的话题不感兴趣或渐渐失去兴趣，表明孩子状态不佳，身体比较疲倦。

如果孩子是偶然出现这种情况，父母要给予体谅，让孩子得到休息；如果是经常出现这种情况，就要试着找出孩子对家人产生不信任及不尊重的原因。这类孩子在日常生活中也会慢慢表现得对任何事物都缺乏兴趣，不喜欢思考，不愿受任何人的约束。父母应转变与孩子交谈的方式，多倾听，少指责和说教，设法打开孩子的心理防线，重新与父母建立信任与交流的新桥梁。

（5）爱侧身坐的孩子很有趣

爱侧坐的孩子既不过于严肃，也不过于散漫，往往感情外露、不拘小节，气质亲和、潇洒，是很有吸引力的一类人。

这类孩子是优秀的倾听者，与人沟通时善于营造舒适、自在的氛围，并能在随意中把握关键点，与之交流会觉得轻松、自在，越说越带劲，达到双方心与心的沟通。

（6）坐时爱抖腿的暗示

有些孩子不论是在说话还是不说话时，总习惯一落座就开始抖腿，频率还会慢慢加快，最后整个身子都在晃动。

如果是在不说话交流时孩子也常出现这个问题，可视为多动症的前兆表现之一。如果是在交流中，孩子出现抖腿则可能是因为孩子对话题逐渐失去兴趣，觉得无聊。这时候，父母应该检查自己，是不是平日对孩子过于苛求，或者对孩子反复唠叨相同的问题，如果答案是肯定的，就应及时转换旧有的沟通与教育方式。

抖腿是一种很不好的习惯，爱抖腿的孩子通常给人紧张、不安分、不稳重、靠不住的印象，父母发现孩子出现这个问题时，要及时提醒孩子改正。

6. 站姿和走姿可以揭示孩子的心理

每个人都有一个习惯的站立姿势和走动姿势，不同的站姿和走姿可以显示出一个人的性格特征，同样，它也能反映出一个孩子的性格特点，和当时的即时心理状态。

（1）站姿反映出孩子的性格特征

①双手插入裤袋

站立时习惯把双手插入裤袋的孩子性格偏保守、内向，少年老成，警觉性极高，不轻易向他人表露自己内心的情绪。

②双手放在臀部

站立时常把双手放在臀部的孩子个性独立、自信，自主心强，做事认真但不轻率，具有希望控制一切的野心。缺点是有时过于主观、固执。

③将手抱在胸前

站立时喜欢将手抱于胸前的孩子个性坚强，心理承受能力较强，面对挫折能积极向上，不屈不挠。缺点是自我防护意识过强，给人以冷漠、难以接近的印象。

④将手背至身后

站立时常把手背在身后的孩子性格正直、老实，有领袖气质，做事有耐心，极富责任感，习惯按规矩办事，尊重权威，但也能接受新思想和新观点。缺点是有时情绪不稳，给人摸不透的感觉。

这样的孩子有点内向哦！

⑤一只手插入裤袋

站立时习惯把一只手插入裤袋，另一只手放在身旁的孩子性格复杂多变，有时会极易与人相处，有时却冷若冰霜，对人处处提防。

⑥双脚并拢，双手下垂

站立时双脚并拢、双手下垂的孩子个性诚实可靠，循规蹈矩而且生性坚毅，不会向任何困难屈服低头。缺点是较难突破固有思维、接受新思想新事物。

⑦不断改变站立姿态

站立时不能静立，不断改变站立姿态的孩子性格急躁，身心经常处于紧张的状态，而且不断改变自己的思想观念，喜欢接受新思想、新挑战，是典型的行动主义者。

（2）走姿反映出孩子的性格特征

走路姿势常能反映出一个孩子的内心世界，对孩子性格的形成也有一定的影响。教育学家们表示，成功人士的走路姿势通常表现为大踏步走路，目视前方，坚定有力。如果父母希望自己的孩子未来也能走向成功，那就应该先从培养孩子正确的走路姿势做起。

喜欢大踏步走路的孩子心地善良，独立性强，身体健康，十分好胜。

走路姿态非常柔弱的孩子通常精神也十分衰弱，心理承受能力较弱，遭遇打击时容易精神崩溃。

走路拖沓的孩子通常比较懒惰，做事缺乏积极性，安于现状，不喜欢变化，难以有好的发展前途。

常采取小快步行走的孩子一般性格比较急躁，做事比较急迫。

走路时步伐零乱的孩子通常运动神经不够发达，做事爱分心，抓不住重点。

一面走路一面回头看的孩子，其猜忌心与妒嫉心特别强烈，较难与人相处。

（3）走在左边和右边的含义

古语说"以行观人"，通过观察并排走路时孩子的位置，父母也可以一窥孩子的内心世界。

走在右边代表掌握主动权，喜欢在右边行走的孩子通常支配欲望较强，有自己独特的个性，善于规划自己的事情，希望拥有绝对的权威。

而喜欢走在左边的孩子则属于被动型，通常没有主见，人云亦云，随波逐流，愿意听从别人的安排行事，这样的孩子可能一直与人无争，常委曲求全，因此很难养成坚毅的个性。

（4）走在前面和后面的含义

喜欢走在前面的孩子充满自信，乐于充当领袖角色，独立能力较强；他们的缺点是团队概念不强，崇尚个人英雄主义。

喜欢走在后面的孩子性格则偏内向，不善交际，有点"不合群"，如果听之任之可能会慢慢发展成为畏首畏尾的懦弱性，父母要引起注意。

三、 从生活细节观察孩子的性格特征
Know Children's Thoughts Through Details in Life

想要了解孩子的性格有很多种途径，从面部表情、肢体语言的方方面面进行观察都可以一窥孩子的心理状态。另外，泄露孩子性格秘密的还有一些生活中的小细节。细节虽小，但它的内涵却很丰富，从不同的角度进行观察，父母就可以观察出孩子的性格特征。

1. 观察孩子的饮食习惯

从一个孩子喜欢吃什么东西，以什么样的方式来吃东西，可以观察出他的性格特征。

吃饭时姿态豪迈、狼吞虎咽、风卷残云的孩子个性坦率、真诚，做事果断、干脆，待人热情、友善，有很强的竞争心和进取心。不过，这类孩子通常自我意识甚强，有点儿自以为是，听不进劝言。

吃东西时习惯将食物分割成若干小块、细嚼慢咽的孩子性格偏传统、保守，做事小心、谨慎，与人为善，常是朋友中的"老好人儿"。这类孩子的缺点是想象力、创造力不足，父母要多挖掘这类孩子的想法，鼓励他们采用更多的方法解决问题。

有些孩子吃东西非常讲究程序化，要一项一项地全部做到位后，才会坐下来慢慢进餐。这类孩子性格特点是认真、谨慎，逻辑思维能力强，做事缜密，会将事情的方方面面考虑清楚并想好了适当的应对方法以后，才会去实施。

饭量很小，吃一点就放下碗筷不吃了的孩子比较传统和保守，墨守成规，小心谨慎，比较敏感，在意他人对自己的看法，总是不断地努力处好与他人的关系，会因为朋友情绪的变化而变化，会因别人一句无意的话语而思考一整天。他们为避免风险，凡事喜欢按照旧的方法去完成。

吃东西不知道节制，喜欢暴饮暴食的孩子性格大多比较豪爽和耿直，组织能力、领导能力较强。这类孩子的缺点是不会克制自己的情绪，喜怒皆形于脸色，容易得罪人。

喜欢独自进餐的孩子性格大多比较孤僻，有些自命清高和孤芳自赏，不过这类孩子个性坚强，做事稳重，责任心强，能说到做到。

2. 观察孩子参与运动的方式

喜爱运动、常主动参与运动的孩子通常精力比较旺盛，性格开朗，情绪比较稳定；不喜运动、常因同学邀请或集体要求而被动参与运动的孩子，性格通常较为内向、敏感。

另外，运动分个体运动和团体运动，喜爱不同运动方式的孩子性格也不同，同一种运动方式对不同孩子的影响也不同。例如，个性开朗的孩子一个人安静地投篮，乐此不疲，表明这个孩子身体健康；但若是个性内向的孩子一个人安静地投篮，很可能表明孩子陷入自我封闭的世界，也增加了其患自闭症的几率。

同样是打篮球，喜欢与朋友甚至是与陌生人一起玩的孩子，除具有运动型孩子普遍具有的优点之外，还具有良好的适应力、沟通力和竞争精神。

当爱运动的孩子突然改变运动方式也可能是孩子的心理出现了问题，如一个喜欢和别人一起运动的孩子，某一段时间突然喜欢自己一个人运动，很可能是因为孩子对自己失去信心或与他人发生了争执。当孩子出现这种状况时，父母要及时给予开导，帮助孩子恢复信心，尽快恢复到以前的状态，以免孩子变得意志消沉。

3. 观察孩子的阅读习惯

教育学家认为，读书不仅能增加孩子的知识、修养，开阔视野，还能教会孩子如何面对挫折、如何与人相处、如何培养正面的性格与健康的心态，从而为顺利走上社会打下良好的基础。

孩子爱不爱读书，与父母的培养技巧很有关系。在孩子学习阅读的初期，父母身体力行的阅读行为，将阅读日常化、习惯化的实际行动，对于培养孩子阅读的爱好至关重要。而不是说，只是推一堆书给孩子，或指定、命令孩子读什么书，而父母却在一旁忙于玩乐、电视或麻将。这样的家庭氛围，根本无法培养出热爱阅读的孩子，甚至对于孩子的学习也是个极坏的榜样。另外，一定要对孩子阅读的书刊进行精心挑选，尽量给孩子提供一些正面的、健康的、有利于开发儿童想象力和思维力、印刷精美的图画书，图书的内容、类型和范围则是越丰富越广泛越好，如童话故事、动物画册等等。当孩子年龄渐长，已经逐渐形成自己的阅读兴趣和爱好时，家长则应转换角色，给予适的引导，而不宜过多干涉。

（1）小说、诗歌

一般来说，喜爱阅读小说、诗歌的孩子通常感情细腻、敏感而富于幻想，观察力强，重感情，有理想主义的倾向。

（2）历史典籍、传记

爱看名人故事或历史典籍的孩子，通常有强烈的求知欲，擅长研究，不喜社交，遇事有独立的决断力。

（3）报纸新闻、时尚杂志

爱看报纸新闻、时尚杂志的孩子通常是非观念很强，有思辨能力，同时善于接受新思想，具有竞争意识，不服输，喜欢征服和取胜的感觉。

哦，看看！

（4）漫画绘本

爱看漫画绘本的孩子性格通常无拘无束，充满童趣，喜欢玩乐，对新事物有好奇心，并乐于结交朋友。

（5）侦探故事、恐怖小说

爱看侦探故事和恐怖小说的孩子通常逻辑思维能力很强，数学及物理是其长项，喜欢智力游戏，是一个出色的问题解决者，喜爱科技知识并有动手能力，是积极的实干者。

4. 从睡姿观察孩子的内心

睡姿是睡眠过程中的肢体语言，是人潜意识下的动作，所以它所传达的信息很少具有欺骗性，能真实反映人的心理状态，反映在孩子身上就更为明显。

心理学家和身体语言学家研究发现，不同的睡姿其实是不同性格、深层意识的反射；同时，睡姿还能折射出孩子近期的心境、情绪、心理防御等状态。另外，身体语言专家们认为，观察孩子的睡姿还可以看出孩子身体较虚弱、有病的部位。例如，胃肠不太好的孩子习惯蜷缩身体睡觉，手也会不知不觉地放在肚子上。

根据英国睡眠评估和咨询服务机构的研究显示，每一种睡姿对应着一种人格类型。人大致有6种基本睡姿，其对应的人格特征如下。

（1）胎儿型睡姿

侧睡，外刚内柔型。蜷缩弯曲成母体内胎儿姿势。这种睡姿明显地表现出孩子的不安全感，当孩子正遭受痛苦挫折时，拱起的背部能帮助孩子构成强有力的自我保护的心理体系，使他觉得安全。这类孩子坚强的外表下有一颗敏感的心，他们初次与人见面时常会害羞，但能很快放松。另外，不安全感可能导致孩子的自私、妒忌等负面情绪，父母要及时发现予以排解。

（2）树干型睡姿

侧睡，性格开朗型。身体偏向一侧，双臂自然向下伸展，贴于身体。这种睡姿是孩子心境悠闲自得的体现，说明他对近期的学习状态或生活状态比较满意。这类孩子的性格开朗，爱交际，有领导才能，号召力强。不过他们有时过于天真，容易轻信他人，易上当受骗。

（3）思念型睡姿

侧睡，个性两极鲜明型。身体偏向一侧，双手向外伸展，与身体成90度夹角。这种睡姿的孩子性格外向，爱与人交往，喜欢集体活动，能与人和睦共处。不过他们有时有点偏激、固执，较难听进他人的意见。这个睡姿某些时候也是孩子在与人冷战，或逃避现实问题的一种折射。

（4）士兵式睡姿

仰面，严肃认真型。完全仰面平躺，双手自然放松于体侧，贴于身体。喜欢适用这种睡姿的孩子性格一般比较内向，比较传统、保守，喜欢按照严格的标准来行事，因此也希望别人按照标准来行事，容易对他人苛刻。

（5）海星型睡姿

仰面，快乐助人型。仰面平躺，双臂稍稍上举，双手抱枕，这类孩子充满爱心，善于倾听，对人慷慨，乐于助人，朋友众多。但这类孩子为人低调，不愿成为焦点。

（6）自由落体睡姿

俯卧，好动鲁莽型。俯卧，脸偏向一侧，双臂上举抱枕。这类孩子一般比较好动，容易紧张，对他人的意见能够虚心接受，但会因为缺乏预见性和稳重性而行事鲁莽。

5. 从孩子说话的方式观察他的心理

观察孩子说话的方式是快速读懂孩子心理的又一大法宝。孩子是单纯而直接的，通过观察孩子说话时的语速、音调、节奏、语气等细节，父母就可以读懂孩子内心的真实想法。

（1）语速是了解孩子心理的关键

语速是最能反映当时心理状态的，当孩子说话的语速与平时有差异时，表明孩子的心理出现了波动，父母要引起关注。

一般来说，当一个平日说起话来滔滔不绝、能言善辩的孩子，突然结结巴巴说不出话来，语速明显比平常慢很多时，可能表明孩子对父母的观点或表达方式不赞同，有了抵触心理。

当一个平日说话语速很慢，半天讲不到要领的孩子，突然言谈兴致浓厚，语速变得很快时，有三种情况：第一种情况可能是因为话题引发了孩子的兴趣，大脑兴奋，连带语速加快；第二种情况可能是因为话题说中了孩子的错处，或者孩子心中感觉不安与恐惧，他想用快速的言语略过这个话题，避免父母起疑；第三种情况是孩子因为某件事情很兴奋，希望得到父母的赞美与夸奖。

（2）通过语调洞察孩子的心理

说话时音调的变化，也是孩子心理发生波动的一个表现。当然随着孩子年龄的增长，说话的音调也会随之变化，男孩、女孩表现会有所不同，同龄的孩子也会表现不同，这也是不同性格的表现。

当孩子想引起父母的注意，让父母接受自己的观点时，说话的音调通常会升高，这表明孩子的心理已经从平和转向焦急，渴望得到认同；另外，当孩子的谎言被父母识破时，或想说谎时，语调通常会立刻升高，这是孩子想通过升高的语调来掩饰内心不安、恐惧的表现。

随着孩子年龄的增长与精神结构的逐渐成熟，开始具备抑制"任性"情绪的能力，说话的音调会慢慢降低一些。但是，有些孩子到高中甚至大学，音调依然相当高，这往往是因为父母骄纵、过于保护等因素引起的孩子心智发育较慢、无法抑制情绪引起的。在此情况下，父母应放开手脚，让孩子学会独立处理问题的能力，严重的话就应带孩子去咨询心理医生，寻求专业帮助。

（3）从谈话的节奏了解孩子的心理

在孩子的说话方式中，除了语速和语调外，说话时的节奏也是了解孩子心理的重要的因素。

如果孩子说话充满自信、言谈有物，那么说话的节奏通常会比较紧凑，连绵不绝；若是缺乏自信，内心比较胆怯时，说话的节奏则会较为混乱，说话吞吞吐吐、结结巴巴。

（4）从说话的语气观察孩子的心理

说话的语气也很能反映孩子的心理。当他充满信心，对自己的观点比较确信时，孩子通常会采用坚定、充满底气的语气来表达。采用这种说话方式的孩子，通常意志坚定，勇于承担责任，有说服力；还有一种可能就是孩子的个性比较固执，语气就会显得比较生硬。

当孩子没有主见时就会喜欢用暧昧的、不肯定的语气进行谈话，常用的口头禅是"都行"、"我也不知道该怎么办"，给人不确定的感觉。采用这种谈话方式的孩子，性格比较随和，但通常不敢承担责任，家长要注意培养其责任心。

6. 仔细观察孩子的随手涂鸦

经过教育心理学家研究发现，孩子无意识的乱涂乱写，往往能显示出一个孩子的性格和当时的心理状态。好好观察孩子的"作品"，父母就能从中发现孩子的心态。澳大利亚格林威尔教育实验室的工作人员们，对孩子喜欢涂写的类型与孩子心理之间的关系，进行了以下总结。

（1）喜欢画三角形

这样的孩子喜爱数学，有很好的逻辑思维能力、理解能力、判断力和决断力，能保持头脑清醒、思路清晰。这类孩子的缺点是个性有点急躁，没有耐性，容易发脾气。

（2）喜欢画圆形

这样的孩子想象力丰富，创造力强，对自己的事情都有一定的规划与设计，喜欢按计划行事，掌握事件的进程。

（3）喜欢画折线

喜欢漫无目的地画折线的孩子性格比较复杂多变，思维敏捷，反应快，分析能力强。但情绪通常不稳定，时好时坏，容易紧张，让他人难以捉摸。

（4）喜欢画连环图案

这样的孩子性格开朗、积极、自信，学习能力与适应能力很强，能快速融入新环境。他们还善于为他人着想，体贴他人。

（5）喜欢画交错混乱的线条

这样的孩子个性坚毅，不屈不挠，做事从一而终，有恒心有毅力，不达目的誓不罢休。

（6）喜欢画波浪形曲线

这样的孩子个性随和，能屈能伸，适应能力较强，是典型的乐观主义者，善于自我安慰，遇事能从好的方面着想。

（7）喜欢画不规则曲线

这样的孩子个性温和，心胸开阔，对环境的适应能力也很强，但有点玩世不恭，崇尚自由。

（8）喜欢画平行线

这是孩子当前心理比较沮丧的表现，可能是受到了不公平的待遇，父母要及时发现，与孩子进行沟通，帮助孩子解决疑惑。

（9）喜欢画对称图形

这样的孩子个性谨慎、小心，有计划，有规划，喜欢遵照计划小心行事。

（10）喜欢画不规则但棱角分明的图形

这样的孩子通常属于竞争意识比较强，有理想，并能为理想付出行动与努力的人。

（11）喜欢画眼睛

这样的孩子性格多疑，但善于观察，比较喜欢复古、怀旧的东西，适合从事艺术类工作。

（12）喜欢画飞机、轮船和火车

这样的孩子好奇心较重，极富想象力，认知性、记忆力和动手能力都很强，勇于尝试，善于学习，喜欢旅游。

（13）喜欢画线条、圆圈和其他图形

这样的孩子极富创造力，对新事物充满好奇心，勇于尝试，但常因为想法太多使自己筋疲力尽。

（14）喜欢画各种不同面孔

这样的孩子多是借画中的面孔表达自己内心某种情绪。喜欢画笑脸的孩子多是知足常乐者，喜欢画皱着眉头的脸的孩子则恰恰相反。若孩子在画一张异性的脸庞，并且反复修改，修改使用橡皮轻轻涂改，那么画中人可能是孩子喜欢的对象，父母要引起注意。

（15）喜欢画花草树木以及田园景象

这样的孩子多性情温和，敏感善良，对形状和颜色认知较强，在语文、美术等方面具有相当的才华。这样的孩子以女孩居多。

（16）不断用各种新鲜字体写自己的名字

这样的孩子敏感而自尊，表现欲强烈。当他们遇到挫折、自我否定、不知如何是好时，这是给自己加油鼓劲的表现，目的是克服目前困扰自己心中不确定、不自信情绪。

7. 从孩子写自己名字的习惯看其性格

俗话说，字如其人，中国的汉字讲究字型要端正舒展、方圆有致。中国人自古以来就相信，写得一手好字的人，人品与格调应该也是优秀的；反之，字很差很丑的人，无论能力再强，也会被人看低和轻视。一个孩子字写得如何，可以充分代表孩子自身的素质和能力，甚至还能透露出孩子的个性特点。因此，父母要对孩子的签名方式给予及时的引导与纠正，帮助孩子写一手好字。

习惯将名字写得特别大的孩子性格通常大大咧咧，不拘小节，表现欲望强，较少心计。把名字写得非常大，从心理学的角度讲，还有给自己增加自信的意思。

习惯将名字写得特别小的孩子性格通常比较内向，不善于交际，害怕人多的场合，为人低调，平和安定，没有很强的自信心。

习惯将名字写得偏上的孩子通常个性坚定，积极乐观，有雄心，不畏艰辛，能坚定地朝着自己的理想努力下去。

习惯将名字写得偏下的孩子通常比较消极，是典型的悲观主义者，没有自信，不敢设定理想，总是一副无精打采的样子。

习惯将名字写得偏左的孩子通常很有个性，喜欢标新立异、表现自己，常不按照常规办事，憎恶分明，不善交际，但因为真诚幽默的个性，往往会得到他人的喜爱。

习惯将名字写得偏右的孩子性格积极乐观，信心十足，朝气蓬勃，善于交际，人缘很好，但家长要注意指导他们谨慎交友。

8. 从孩子打电话观察他的性格

电话是现代人沟通的重要工具，打电话是孩子日常生活中经常会发生的一件事情，比如孩子跟同学、朋友联系会打电话，给长辈们问好也会打电话，向人寻求帮助也可以打电话。通过仔细观察孩子打电话时的一些细节，父母就可以发现一些很有趣的事情。

（1）从握话筒的方式看孩子的性格

双手一起握话筒的以女孩居多，这类孩子个性优柔、敏感，对亲密的人依赖性很强，情绪受外界影响大。如果男孩子常用这种方式握话筒，可能是因为缺乏男性的引导而养成女性气质，常对一些小事耿耿于怀，遇事优柔寡断。

用手紧握话筒下端的以男孩居多，这类孩子性格豪爽，干脆果断，做事爽快。如果女孩子采用这种握话筒的方式，那么通常有点男孩子气，性格直爽，憎恶分明，可能有点固执，行事不讨人喜欢。

将话筒与耳朵保持一定距离的也多为女孩。这类孩子性格通常比较外向，喜欢与人打交道，属于交际花的类型；充满自信，好胜心强，有很强的行动力。以这种方式握话筒的男孩子比较少见。

边通话边玩弄电话线的多为女孩，这种孩子气质温柔妩媚，多愁善感，喜欢空想，通话内容多为琐碎小事；其个性也有倔强的一面，若通话时间过长，那么很可能是孩子有心事，在与朋友倾诉。

用手抓紧话筒上端的也以女孩居多，这种孩子情绪复杂多变，骄纵任性，会因为一点小事大发脾气，与人难以相处。采用这种握话筒方式的男孩子则头脑灵活，反应能力强，善于与人相处，有良好的人际关系。

（2）从打电话的方式看孩子性格及心理

一边打电话一边进行其他事情，如看书、看电视、整理杂物等，一心二用的孩子通常极富进取心，珍惜时间，分秒必争。

通电话时喜欢保持舒适的坐姿或躺姿，一派悠闲舒适的模样，这类孩子个性沉稳，遇事不慌张，是朋友中的定心石。

习惯用笔，如铅笔、圆珠笔等代替手指拨电话的孩子性格急躁，情绪经常处于紧张状态，易使自己心力交瘁。

打电话时喜欢到处走动的孩子通常好奇心重，讨厌重复的事情，喜欢探索新鲜事物。

习惯将话筒夹在头和肩之间的孩子个性谨慎，习惯将事情考虑周全后再行动，成功率较高。这类孩子也可能比较懒惰。

喜欢一边打电话，一边乱涂乱画的孩子通常具有艺术天赋和气质，精力旺盛，想象力丰富；但容易走向空想，不切实际。

没有特殊的握话筒习惯，一切动作出于自然的孩子个性友善，能屈能伸，富有爱心，自信心充足。

9. 观察孩子如何与人打招呼

见面打招呼是一项基本礼节，是与人交往时表示友好的一种方式。成年人心智成熟，善于隐藏自己的情绪，打招呼都形成了固定模式，不容易看出其中的含义，但孩子大多比较纯真，打招呼的方式会因为情绪的转变有所不同。据教育心理学家研究发现，孩子打招呼的方式与孩子的实时心理是直接相关的。

（1）孩子打招呼时看对方眼睛吗

打招呼不看对方的眼睛在成年人看来是一种不尊重对方、孤傲、看不起对方的表现，但是在孩子的世界里则相反。

有些孩子与人打招呼时通常不看对方的眼睛，往往是因为孩子比较胆小，有点怯生，或有强烈的自卑感，而不是孩子性格孤傲。对于这种情况，父母要有耐心，让孩子慢慢养成说话时注视对方眼睛的习惯。

（2）孩子距离多远与对方打招呼

在成年人看来，打招呼时后退是一种很不礼貌的行为，是冷漠的表现，但在孩子的世界里却不是这样。

1998年，美国教育学家查尔莫斯做了一个实验，观察100个孩子（平均年龄为8.6岁）在与陌生人打招呼时有什么反应。结果显示80%的孩子都会有意或无意地稍微后退，这表明孩子对于沟通的距离比成年人更为敏感。孩子在10岁以下的年龄段，与陌生人接触时，左脑会产生一种抗拒性信号，从而会产生自我保护的潜意识动作。

"后退"往往不是孩子有意识的行为，而是他们潜意识中对这个陌生人的抗拒心理。如果父母观察到孩子在与人打招呼时后退的幅度很小，可见孩子对眼前这个人比较喜欢；如果后退的幅度很大，则表明孩子对眼前这个人感到害怕与恐惧。

（3）孩子打招呼时点头吗

有的孩子个性要强，从小就渴望处于优势地位，这从很多小细节都能看出来。比如在打招呼时，这样的孩子通常打招呼的同时还冲对方点头，这表示他对对方怀有戒心，渴望优于对方。

再比如，当别的孩子向他打招呼，表示想加入他的游戏时，孩子会点头示意对方过来，表现出居高临下的强势地位，给对方心理一个威慑。

对于这种情况，父母要对孩子进行一定的约束。如果放任孩子从小这样，会让孩子养成自高、自大、自傲的性格，对孩子以后的发展产生不好的影响。

（4）孩子与人初次见面时随便打招呼吗

初次与陌生人见面时，孩子一般不会与人随便说话，孩子的天性使他们不会因为某种目的强迫自己与人沟通。

有的孩子却有点"自来熟"，与人初次见面时就随便打招呼，谈笑风生，这是最危险的信号，父母应特别关注。这样的孩子在心理上是不设防的，有无条件接纳对方的倾向，长大后容易上当受骗。

（5）孩子打招呼的语言传达了什么

教育学家研究发现，从一个孩子打招呼的语言，也可以了解到这个孩子的脾气。能揭示其性格的招呼语，是指孩子刚认识某人或与熟人相遇时，最经常使用的那句话。常用打招呼的语言表现以下几种性格特征。

喜欢用"你怎么样"作为招呼语的孩子个性严谨，充满自信，习惯占据主导地位，做事先思后行，喜欢考虑周全后再采取行动；同时能保持旺盛的好奇心，一旦接触新鲜事物就会全身心地投身其中，直至圆满完成才罢休。

喜欢用"你好"作为招呼语的孩子头脑冷静，个性勤恳，能克制自己的情绪，对朋友真诚，对学习努力，是父母的乖宝宝。

喜欢用"喂"作为招呼语的孩子个性活泼，精力充沛，思维敏捷，富于创造性，具有良好的幽默感，并善于听取不同的见解。

喜欢用"嗨"作为招呼语的孩子性格腼腆，胆小害羞，多愁善感，不善于拒绝别人，让自己陷入为难的境地；但有时也过于热情，尤其是对父母和小伙伴。

喜欢用"过来呀"作为招呼语的孩子性格直爽，做事干脆果断，有自己的想法，并乐于将其与父母和朋友分享。

喜欢用"看到你真高兴"作为招呼语的孩子性格开朗活泼，待人热情，为人谦逊，喜欢参与各类有趣的事物，但容易感情用事。

喜欢用"有什么新鲜事"作为招呼语的孩子好奇心很强，总有无数个为什么，喜欢刨根问底。做父母的要保持耐心，并授之以渔，让孩子体会到自己探索事情的快乐。

第三章

量体裁衣，每个孩子都是独一无二的宝贝

一、不同阶段，不同的重点
Different Stages, Different Focuses

儿童心理变化过程是在一定的背景和条件下，从量变到质变的渐变过程，具有连续性、阶段性及每一阶段的整体性的特点。根据年龄，儿童心理可划分为5个不同的心理发展阶段，即胎儿期、婴儿期、幼儿期、儿童期和青春期。各个时期都各有特点，同时保持有连续性，不会跳跃不会倒退。当然每个孩子在同一发展阶段的具体情况不一定相同，但阶段次序不变，时距大体稳定，特征大体相同。

因为孩子的心理在每一个发展阶段都各有特点，孩子所处的环境也在不断发生变化，所以只有结合儿童心理发展的特点，结合孩子的个性特点，对孩子进行正面教育，在孩子出现问题时及时引导疏通，才能帮助孩子更快地适应社会，使身心健康发展。

1. 胎儿时期

研究表明，胎儿存在心理活动。科学家做过几项实验：当强光照射母腹时，胎儿会眨眼睛，表明他们已经有了视觉；预先给胎儿取名字，并每天对着母腹叫胎儿的名字，在胎儿降生后，再次叫他的名字时，他会将头转向发出声音的方向，表明胎儿不仅有听力，甚至还有记忆力。

在胎儿六个月时，外界发生的一些事情就会通过母亲的心理及生理上的变化传达给胎儿。胎儿在出生前就已经知道自己是否受欢迎，父母对胎儿的态度会影响孩子最初的安全感的建立。

如果准父母在孕育时期就屡屡想流掉胎儿，或母亲情绪不稳定、愤怒悲伤等，都会通过母亲的神经与内分泌系统干扰胎儿的正常发育，增加先天性畸形或流产的几率。这种情况下出生的孩子也往往躁动不安，爱哭闹，不爱睡觉，长大后往往很难适应环境。

目前，在原有胎教理论的基础之上，有关专家又提出了"负一岁"教育的理念。所谓负一岁，就是在怀孕的前一年，夫妻双方就要做好物质与精神上的准备，调整好身心状态，带着期待的心情，迎接小生命的诞生。这样被赋予期待与祝福的小生命，在起步阶段就可以在心灵的储备上占有优势。

妈妈在听什么呢？宝宝也要听一下！

（1）孕妇的营养及保健

孕妇营养合理均衡的饮食是保证胎儿身心健康发育的前提，研究证明，孕妇营养不足和营养过剩均会影响胎儿正常发育，尤其是智力的发育。因此，孕期要注意多补充胚胎发育所需的高蛋白、低脂肪及多种维生素等，以满足快速生长的胎儿的需要。

另外，保证孕妇的身体健康也很重要。如果孕妇妊娠头3个月感染风疹、流行性感冒、腮腺炎、猩红热或弓形虫等疾病，会容易造成胎儿发育畸形或死胎；若是孕妇内分泌失调或甲状腺机能低下，则易使新生儿患痴呆症；此外，孕妇患肺结核、尿路感染或糖尿病等疾病也会影响胎儿发育，这样生下来的孩子先天畸形或缺陷率会较高。因此，应特别注意孕期的保健。

（2）父母良好的行为习惯

在胎儿期间，父母的不良习惯会影响胎儿的生长发育和孩子以后的个性养成。如父母酗酒、大量吸烟、吸毒等可增加婴儿死亡率，若是孕妇吸烟过多还可导致自然流产或死胎。据来自美国的报告，吸烟的孕妇生下孩子体重不足的比率，大致是不吸烟孕妇的两倍。日本学者调查证实，其他家人吸烟也会影响到胎儿的健康，婴儿畸形发生率与父亲每日吸烟数量成正比。另外，孕妇大量饮酒，可造成"胎儿酒精中毒综合征"，使孩子出生时出现矮小、体重轻、智力低下、动作迟缓等症状，甚至还可能出现畸形，如小头、心脏缺陷、关节骨髓变形、脊髓膜膨出等状况。

（3）积极的情绪状态

孕妇心情舒畅、情绪稳定、少生气、避免极度兴奋等，都是保证胎儿身心健康发育的重要条件。科学家研究发现，自发性流产常与孕妇情绪紊乱有关，心理治疗可以使多次流产的孕妇解除焦虑后成功生育。

国内外大量临床观察表明，孕期经历夫妻关系变化、人际关系紧张、生活动荡、经济和住房困难、亲人亡故等事件的孕妇，情绪波动过大后会影响内分泌和血液成分，从而影响胎儿的发育。这些事情发生在胎儿生长的不同阶段均会引起胎儿相应的身心发育问题，如腭裂、唇裂、脊髓管畸形、体重轻、发育迟缓、智力低下、情绪不稳定、反应迟钝等。情绪不稳定的孕妇难产几率也较高，或产程延长，引发早产等。

（4）满足胎儿依恋的情感需要

科学研究表明，不仅刚出生的婴儿对父母的依恋情节较重，孕期胎儿也有依恋的情感需要。胎儿时期，父母可通过轻轻抚触肚皮、唱歌、说话或讲故事的方式与胎儿进行交流。多进行这样的交流，有助于建立胎儿与父母之间的温情、相互信任等的情感联结，对胎儿的身体、智力和心理发展都有着积极重要的作用。

2. 婴儿时期（0~3岁）

我的宝贝，全世界你最乖！

婴儿期是从孩子出生到满3岁的一段时期，是孩子大脑神经细胞发育最重要的时期，也是决定人的一生发展的关键期。这段时期的教育要点不是灌输各种知识，而是学会聆听孩子的需求，指导孩子认识真实的世界。父母对孩子的搂抱、微笑、说话、轻拍等行为都会刺激婴儿大脑细胞的发育。此外，父母对孩的教养，重点需要注意以下几点。

（1）父母与孩子建立亲密关系的关键期

刚刚出生的婴儿，接触最直接、最频繁的就是父母。可以说，此段时期父母对孩子的态度，影响着孩子今后看待世界的态度。如果父母在孩子因饥饿、寒冷或不舒服而哭叫时能及时给予回应，满足孩子的需求，让宝宝一直处于很舒服的状态，那么这个孩子就会与父母建立起亲密的依恋关系，会认为世界是值得他信赖的，长大后就容易与他人建立起亲密关系。

如果父母对孩子的哭叫不及时回应，甚至不理睬，那么孩子就会感觉自己是不重要的，提出要求也是没有用的，渐渐的，他就会放弃向别人求援的努力。通过对父母的不信任，孩子会延伸到认为整个世界都是不可信任的。不能与父母建立亲密关系的孩子，长大后通常不善交际，不知道如何与他人建立亲密关系。

此外，孩子如果在婴儿期与母亲分离，还会引发孩子产生"分离焦虑"。现代科学研究表明，婴儿在出生后七天，就已经能够辨别出母亲的气味，而分离焦虑，可以导致婴儿将无法释放的压抑，转化成安全感缺失，在日后的人际交往中会产生非常多的问题。

婴儿期的孩子是否能从父母的照料中获得信任感，对儿童的人格形成也有重要影响。当儿童获取的信任感超过不信任感时，孩子就会敢于希望、富于理想，对未来有更多的期望；缺乏信任感的孩子则难以建立起人际信任，不敢希望，时刻担心自己的需要能否获得满足，对父母也就比较依附。

（2）进食与排便，婴儿最重要的性格建立期

科学家一直在倡导母乳喂养的好处，事实上，母乳喂养不仅有利于孩子体质、智力等方面的发育，还有利于增进母亲与孩子的交流，有利于孩子建立起安全感。

人在饥饿时，对外界的反应印象会特别深刻，因此，孩子进食时父母的态度对孩子性格的养成会产生影响。如果父母在孩子进食时一直采取温和而仁慈的态度，孩子长大后就会以积极的态度对待他人；如果孩子在进食时总是受到严厉的批评与指责，孩子长大后遇到问题则喜欢回避与退缩；饥饿中的孩子如果被放置在空房间中长时间无人理睬，孩子长大后会不敢独处。

婴儿时期，对孩子进行如厕与整洁的训练是父母们都很头疼的一项工作。有心理学家认为，这是儿童第一次与外界规范较量。父母试图训练便溺行为，儿童却希望自由地进行排泄活动。排泄训练会对儿童人格发展有重大影响。如果父母过分严厉，孩子易于形成"便秘型"人格，表现为：过分讲究秩序和整洁，过分吝啬和节约，固执和具有强迫性，时间观念强，不愿浪费金钱。如果父母采取放纵的态度，孩子易于形成"排泄型"人格，形成肮脏、放肆和浪费的习惯。正确的训练方法是，始终采取温和而坚定的态度帮助孩子最终养成正确的排泄习惯。

（3）自控力、秩序训练的最佳时期

两岁左右是孩子形成秩序的最好时期，父母们要充分利用这个时间段帮孩子养成良好的行为习惯，如早晚刷牙、按时就寝、收拾玩具等等。通过这种有意识的锻炼，帮助孩子形成良好的行为意识，为以后形成良好的学习与工作习惯打下

基础。如果错过了这个时间段，在孩子养成了不良的习惯后再加以纠正，相对而言就要花费更多的力气。

要想孩子养成良好的行为意识，必须加强孩子自控力的练习。良好的自控力是心理健康的标准之一，需要从小加以训练。心理学上有个有名的试验。老师对幼儿园的小朋友们说：这里有一盘糖果，老师现在有事要出去一下，老师不在时，小朋友们不要动糖果，谁没动的话老师回来会有奖励，动了的老师会有惩罚。老师出门后，心理学家躲在玻璃屏幕后悄悄观察，发现有的小朋友因为控制不住自己的欲望拿了糖果，还有些小朋友则是看到别人拿了，也跟着拿。但有些小朋友则能克制自己的欲望，没有去拿糖果。心理学家将孩子们的行为记录在案，几十年后进行追踪调查，发现那些没拿糖果、自控力较强的孩子，长大之后事业更容易成功。这表明能很好地控制自己欲望的孩子，通常会按社会的准则行事，也更易走向成功。

训练孩子的自控力可以利用生活中的小事来进行，如将一件事情分成若干个阶段，不同阶段设置不同的奖励，让孩子明白短期的克制是可以获得更大的奖励的。这样孩子的自控力慢慢就会得到相当的提升，为日后的学习与工作打下良好的基础。

（4）对孩子第一反抗期的良性引导

3岁左右，孩子进入人生中第一个反抗期。这一时期孩子开始慢慢具有自我的意识，学会了用自己的眼光看待世界，不再总是按照家长的指引去做事，开始尝试提出自己内心的要求，表现出最初的逆反。第一反抗期是孩子自我意识确立的时期，对孩子成年后人格的形成有重大影响。

这一时期，父母对儿女的教养和态度很重要，影响孩子成年后的行为模式。一方面，父母应根据文明、道德等社会规范对孩子有一定的限制和适当的控制；另一方面要给予孩子一定自由，管教不宜过严，要理解、尊重孩子的个人意愿。

如果父母对孩子过于保护和苛刻，孩子容易对自己产生怀疑，不自信，害羞，对人处处依从，缺乏自主性，阻碍自我意识的形成。如果父母对孩子过于放纵，则会助长孩子自私、自我、自高、自大的心理，不利于孩子人格的健康发展。

当父母帮助孩子学会适应社会规则而又不至于压制住孩子的自主性时，孩子就会获得坚定的意志。可见，成人后的意志是否坚定，跟儿童时期父母是否正确引导和精心培育是密切相关的。

（5）鼓励孩子对事物的独立探索

婴儿期是孩子身体发育最快速的时期，从学会走路开始，孩子就表现出渴望独立的意愿，对各种事物都表现出好奇心及参与的意愿。家长对孩子渴望独立活动所持的态度，直接影响着孩子自我意识的形成。

父母对孩子渴望独立活动的心理采取鼓励的态度，孩子就会形成自主感，会有积极尝试的欲望；如果父母对孩子渴望独立活动的愿望采取限制、禁止的态度，孩子就会觉得自己很渺小，产生强烈的羞耻感，进而怀疑自己的能力，并对能否获得外界的肯定而存有怀疑，再也不愿也不敢独立活动。

有时候孩子会因为能力不足达不到目标，或天性害羞而不太敢去尝试，这时如果父母总以忧虑的忠告来阻止孩子对外面世界的探索，孩子就会逐渐放弃尝试，再次面对问题时就会显得能力缺乏。同样的情况如果父母不断鼓励孩子，在孩子进步时不吝赞美与表扬，孩子就会慢慢放开手脚，不断尝试，从而获得相关经验，不断成长。

（6）重视培养孩子与人相处的能力

社会兴趣是孩子心理健康的标准之一。心理学家认为，有社会兴趣的人才是心理成熟的人，这样的人才懂得关心别人，把包含着别人利益的成功视为目标。

所谓社会兴趣是指一种与他人合作以达到个人和社会目标的固有潜能，是对社会成员的一种情感，是对人类本性的一种态度。一个对他人缺少兴趣的人，会呈现出消极的生活倾向，在生活中会遇到更多的阻碍；而一个对他人表现出高度兴趣的人，更容易与他人形成良好的互动，通过愉悦他人来获得他人的帮助。

那么社会兴趣是由什么来决定的呢？为什么生活中有人社会兴趣浓厚，有人社会兴趣淡薄呢？心理学家通过研究认为，社会兴趣是人类本性的一部分，是由孩子在婴儿时期通过学习获得的经验发展起来的。孩子通过与父母培养的合作感，通过对父母和其他人付出爱，得到爱，慢慢扩展成为社会兴趣。

在培养孩子的社会兴趣方面，父亲起着非常重要的作用。父亲对妻子、工作和社会保持良好的态度，同时与儿童保持良好合作与爱护的关系，会对儿童形成良好社会兴趣产生重要影响。

曾经有一位5岁男孩的父亲，就这个问题提出了一个很有代表性的疑惑。他担心如果与孩子建立良好关系，过于亲密，会不会有损父亲这个角色的权威感。在很多父亲的观念里，父亲的威严是约束子女行为的重要武器，而父子情深则有损威严。其实这是对"权威"的误解，事实上，如果父亲能与孩子保持亲密的互动关系，作为孩子成长路上的引领者与陪伴者，那么父亲的理念就会像春雨润物一样潜移默化地对孩子的个性养成产生重要影响，这样的父亲在孩子的心中一定具有不可替代的位置，这才是权威的由来。

3. 幼儿时期（4~6岁）

从4周岁到6周岁是幼儿时期，是指孩子婴儿期结束到上小学前的一段时期。这段时期家庭对孩子的影响最大，家庭的环境与氛围、父母的言传身教对孩子的心理、情绪、态度和行为，以及成年后的兴趣、信仰、行为方式和价值观念等的形成均有较大的影响。

这一时期儿童行为开始有了性别之分，最为重要的事件是在儿童心目中产生了有关父母的情绪冲突。

（1）恋母与恋父情结的产生

有心理学家认为，孩子的第一个恋爱对象会指向自己的异性父母，男孩恋母，女孩恋父。幼儿时期，出于对父母的爱，孩子心里开始产生关于父母的情绪冲突。

从男孩的角度来讲，由于想独占母亲，内心产生对父亲嫉恨、仇视的潜意识倾向。但出于对父亲强大力量的畏惧，男孩又会抑制恋母倾向及对父亲的憎恨，表现出对父亲认同的倾向。这种认同感会促使男孩通过对父亲的模仿来学习男性的行为，最终形成男子性格。

同样的原因，女孩对母亲会怀有嫉恨而对父亲的感情成倍增长。为了解决这种冲突，女孩需要认同母亲，并通过认同作用获得女性性格与女性行为。

在解决恋父或恋母情结过程中，孩子向同性的父母学习，不仅使儿童获得性别的行为风格，还将全面接受父母的道德观念、社会态度，并内化为自己的东西，形成道德规范。儿童会在后来的生活中，以这种道德规范来衡量自己与他人的行为，并做出相应的评判，逐渐形成了"熟悉规则"：任何熟悉的东西都是对的，不熟悉的东西是错的。

（2）幼儿对自我性别的认定

幼儿时期，孩子开始有了性别的认同感，此时父母应帮助孩子进行自我性别的认定，针对性别进行符合性别特点的教育。如对男孩子侧重培养他们坚强、刚毅的品质，对女孩则侧重培养她们耐心、细致的品质特征。

有些父母出于某种需要或个人的喜好，常把男孩当女孩来养，或把女孩当男孩来养，这样轻则影响孩子个性的形成，重则使孩子对自身的性别认同不清晰，成人后性取向出现偏差。

比如，媒体曾报道了一个男大学生想要做变性手术的事件。深入了解其背后原因，就会发现这个孩子从小就被父母当做女孩来养，孩子四岁时，舅舅送给他的生日礼物是一件漂亮的连衣裙。因此，这个孩子从小就把自己当成女性，行为举止文静而腼腆，也只对男性感兴趣。上大学后，为了达到与自己喜欢的男性长期生活在一起的目的，决意要做变性手术。这让他的父母难以接受，母亲甚至以死相逼，想让儿子改变变性的想法。殊不知，正是因为他们对孩子不当的抚养方式，使孩子的性别认同模糊，才造成今日的情形。可见，在幼儿时期对孩子进行正确的性别认同教育，对孩子成年后的性取向有着重要的影响。

（3）第一次社会适应力的锻炼——幼儿园

孩子3岁左右就该上幼儿园了，这是宝宝第一次离开爸爸妈妈，进入一个陌生的环境。有的宝宝能够很快适应，与小朋友们打成一片；有的孩子却哭闹不止，拒绝上学。孩子对新环境的适应能力不仅取决于孩子的性格特点，还取决于父母给孩子的安全感如何。

需要强调的是，孩子不应缺失幼儿园的教育经历。离开家这个熟悉的环境、没有父母的陪伴、到一个陌生的环境中生活，对于孩子的成长有着分水岭般的重要意义——这是对于孩子社会适应力和社会交往能力的一次启蒙式的锻炼与考验。

我要爸爸!

如果此前父母一直采取过于保护，或过于苛刻的教养方式，可能导致孩子缺乏自立能力，依赖性强。这样的孩子对上幼儿园可能就会感觉比较恐惧，喜欢哭闹。因此，在婴儿时期父母就应开始注重孩子独立性的锻炼，让孩子学会与陌生人交往，以适应上幼儿园后的新环境，以及与小朋友、老师的交往。

有些孩子本身对环境的适应能力比较弱，这时父母就应提前帮孩子做好"热身"活动，如提前带孩子到幼儿园观看其他小朋友的活动，经常跟孩子说说上幼儿园的好处，让孩子对幼儿园充满期待。孩子在上幼儿园初期，父母还应每天跟孩子交流在幼儿园的感受，了解孩子对老师和小朋友的评价，从而了解孩子的适应情况，及时发现问题并解决。

当孩子出现抵触情绪时，父母首先要尽力了解孩子抗拒的原因，然后想办法帮孩子尽快适应。如果孩子哭闹就妥协而不送其上幼儿园，不仅会错失帮助孩子增加社会适应力的机会，还可能让孩子养成遇到问题就回避的不良习惯，对以后的人格造成不利影响。

（4）学习与同伴的交往

之前，在婴儿时期，父母与孩子能否建立起亲密的关系决定了孩子看待世界的角度；而到了幼儿时期，儿童与同伴的交往具有与父母交往同等重要的地位。

通过与同伴的交往，儿童可以学习如何与他人建立良好的关系，如何解决纠纷，如何坚持自己的意见及适度的妥协，学会处理竞争与合作的关系，学习处理个人和团体的关系，为长大之后的人际交往奠定基础。

良好的同伴关系还可以让儿童有归宿感，被同伴所接纳，受到同伴的赞许和尊重，会让儿童从心理上获得满足，有利于自信的建立。幼儿通过与同伴的交往，逐渐认识自己在同伴中的形象和地位，有利于儿童自我概念的形成和人格的发展。

民间有句俗语叫"三岁看大，七岁看老"。一般说来，幼儿时期就具备了与同伴交往能力的孩子，成人之后，他也能够比较顺畅地与周围的人进行交往；如果幼儿时期儿童就不能与同龄人进行正常交往，那么长大之后也无法与周围的人进行交往，因为他没有积累起相关的经验。

孩子与同龄人的交往，需要父母加以引导。父母可以通过送孩子上幼儿园学习和生活，利用节假日带孩子到游乐场、动物园等有同龄孩子出没的场所游玩等方式，鼓励孩子与小朋友们交往，加入到小朋友们的游戏中等等，增加孩子与同龄人交往的机会。这样做不仅可以训练孩子的社交技巧，还能帮助孩子建立起对他人的兴趣。心理学的研究表明，只有兴趣广泛、关注他人的人，才可能成为一个受欢迎的人。而一个人能否受他人喜欢，实际上取决于父母在他幼年时期的引导与训练。

所以，应该为3岁左右的孩子提供上幼儿园的机会，因为幼儿园提供了与同龄人交往的平台，是锻炼孩子与他人交往能力的重要场所。

（5）游戏是幼儿天然的老师

玩是孩子的天性，可以说，儿童是通过游戏来认识世界的。游戏对孩子的成长的作用不可或缺。有些父母认为好孩子不应玩游戏，而应多认字、做算术题或者唱歌、画画，究其原因，是没有认识到游戏在孩子成长中的作用。但是对孩子来说，游戏却是他们最喜爱的活动，也是孩子生活的主要内容。它在孩子的成长中有以下几方面的重要作用。

①角色扮演，孩子学习知识的活戏剧

随着孩子身体和心理的发育，能够独立活动，会用语言与别人进行交流后，他们就渴望扮演更多的社会角色。但由于孩子自身的知识经验和能力有限，很多事情往往做不到，游戏恰好帮他们解决了这一矛盾。比如过家家游戏，游戏中男

孩做爸爸，女孩做妈妈，还要抱个布娃娃当孩子。这类角色扮演的游戏不仅可以满足孩子的心理需要，还帮助孩子清晰了性别的定位，推动了孩子身心发展。

②奔跑跳跃，让孩子筋骨强壮

在游戏中，孩子身体的各个器官都处于活动状态。不同的游戏，活动量大小不同，身体活动部位也不同。比如捉迷藏游戏需要孩子走、跑、跳、钻等动作，让身体的各部位器官都得到很好的发展，有利于促进孩子的血液循环，增强呼吸系统的功能，促进新陈代谢，锻炼肌肉和骨骼，帮助孩子的身体更好地成长发育。

③智力游戏，能促进孩子智力、语言的发展

在游戏中，孩子的感知、注意力、记忆、思维、想象都在积极活动着。任何一种游戏都要求孩子进行智力活动。比如搭积木游戏，孩子需要思考构建何种形状，这样可训练到孩子的思维力、创造力、空间感等方面。经常进行这样的游戏，孩子的思维就会越来越活跃，从而有利于孩子智力的发育。

另外，在游戏中孩子必须用语言来表现游戏的情节和内容，比如对"娃娃"说话，教"娃娃"唱歌，或者与游戏中其他成员进行交流，都必须有语言的参与，所以游戏也能促进孩子语言的发展。

④合作游戏，培养孩子的良好品质

游戏有助于培养孩子各种良好的行为品质。一些要求团队配合的游戏会让孩子养成与他人合作的意识；一些角色扮演的游戏让孩子在模仿过程中体验成人的思想感情和态度，学习成人的各种优良行为。比如一个平时较懒惰的孩子可以通过扮演医生，可以学习到爱心、关爱的品质。

游戏也有助于培养孩子的意志。为了达到游戏目的，孩子必须遵守一定的规则，克服一定的困难，要自信和能坚持，这样就逐步培养起孩子遵守社会规范、养成良好自控力、有责任、有勇气的精神。

⑤游戏，能使孩子受到美的熏陶

丰富多彩的游戏，还为孩子获得美感创造了条件。体育游戏可以让孩子体验到运动、形体的美，语言游戏可以让孩子见识到词藻、措辞的美，结构游戏可以使孩子体验到结构造型的美……通过这些游戏，孩子不仅感受到美，还会产生对美的追求，渴望去表现美、创造美，比如通过练毛笔字、画画、表演等等去再现美，这些游戏均能促进孩子领悟美、创造美和表现美的能力。

（6）一个人生活风格的最初形成期

每个人都具有共同的最终目标——追求优越，追求优越是一个人要克服困难、赶上别人，甚至超越别人的努力倾向。人格心理学把每个独特的个人试图获得优越的方法称为生活风格。心理学家还认为，一个人在四五岁时就已经形成了自己的生活风格，为日后处理各种事件提供了一个基本框架。这个框架是如此的重要，在于它基本上确定了一个人日后的行事风格，以后的新经验不过是对这个框架进行补充与润色。

孩子形成什么样的生活风格，与他的生活条件、家庭及社会环境直接相关。年幼的孩子由于生活范围所限，会把接触最多的父母作为榜样来效仿，父母对目标的追求方式，会导致孩子形成相同或相近的生活风格。所以要想孩子有一个好的生活风格，父母首先应给予一

一起玩游戏是孩子成长的重要组成部分

个好的榜样，当孩子的生活风格出现偏差时，首先应该反省自己的生活风格是否适当。

一般来说，一个人产生错误的生活风格还与幼儿时期的三种状态有关。

①器官缺陷

当孩子的生理出现问题时，他们的心理也会受到影响，有可能导致不健康的自卑情结。因此，当孩子出现生理上的某种缺陷时，父母要注意避免对孩子缺陷的指责，以免形成孩子的自卑情结。另外，有些孩子其实并不存在某方面的生理缺陷，只是由于父母或其他人的随意指点，长此以往，会让孩子的潜意识里慢慢相信这种指责，并因此感到羞愧，也极易导致孩子的自卑心理。

②溺爱或娇纵

出于对孩子的疼爱，有些父母和家人对孩子的每个需求都充分给予满足，孩子成为了家庭的中心。这种环境下成长的孩子很可能因此变得自私自利、狂傲自大，只会为自己着想，而不会去理解他人的感受，成为一个缺乏社会兴趣，为人所讨厌的人——因为他从未经过替他人着想的训练，自然无从获得为他人着想的经验和胸怀。

③忽视或遗弃

幼儿时期遭受过亲人长期忽视或遗弃的孩子，会产生一种极端自卑的心理，认为自己毫无价值可言，从而对社会与他人变得极端冷漠与仇视，不相信任何人。其实孩子是没有错的，孩子只是根据他人对自己的行为，做出自己的解读，从而形成了相对应的行为。

不过，值得庆幸的是，人是具有主动性和能动性的动物，即使因为幼儿时期所遭受的不良待遇形成了错误的生活风格，但是通过亲人的关爱、社会的教育，孩子还是可以建立起良好的生活风格的。因此，作为父母，首先要对自己的孩子充满信任和关爱。

（7）建立属于自己的解释系统

心理学家认为，儿童在3~4岁时，会形成解释系统，又称为信念系统。当孩子遇到事情后这个系统会立即启动，对所发生的事件进行评估，得出有利或不利的结论，从而影响孩子整个人生观的形成。

解释系统分为积极解释系统和消极解释系统，同一个事件，运用不同的解释系统会产生不同的情绪，由此产生不同的后果。关于解释系统有这样一则故事：沙漠中，两个饥渴至极的人发现了半瓶水，积极的人欣喜若狂地说："太棒啦，还有半瓶水！"消极的人却沮丧地说："唉，只有半瓶水。"积极者因为有半瓶水的激励走出了沙漠，消极者却从对缺水的担忧而推测无法走出沙漠而最终丧生。这就是积极与消极带来的不同后果。

由此可见，解释系统对一个人有多重要。如果能在儿童时期形成积极的解释系统，儿童在成长过程中就会更积极向上，做事会更有动力；反之，如果形成消极的解释系统，凡事总从坏的方面考虑，不仅会影响人们积极向上的努力，还会对人的身心健康造成损害，严重的甚至会使孩子成为抑郁症等精神疾患的易感者。

孩子解释系统的形成受周围重要成人的影响，耳濡目染，孩子会形成与父母一致的解释系统。从这个角度上说，为人父母者，应该首先对自己的解释系统进行完善，然后慢慢影响孩子形成积极的解释系统，从而形成积极的人生观。

（8）开始形成自我理想

一个人自我理想品质的形成主要受幼儿时期父母教育方式的影响，通过对父母道德标准的认同，进而形成自己的道德体系，形成了好与坏的概念。与婴儿期相比，幼儿时期的孩子更具主动性，他们开始谈论自己长大之后要成为什么样的人，也许这种想法不会持续太久，但却标志着儿童开始形成了自我理想。有自我理想的儿童富于想象力和主动性，不怕失败与惩罚，具有追求价值目标的勇气。

能够预想未来、设定目标、提出计划，并通过积极主动的行为来实现自己的目标，是幼儿期儿童的行为特点。如果父母总是用积极的态度肯定和鼓励儿童的主动行为或想象，儿童就会对自己的行为更自信，更易于形成主动的品质；相反，如果父母经常嘲笑和限制儿童的想象与主动的行为，儿童就会对自己的能力产生怀疑，并因此感到内疚，行为上就会倾向于退缩、循规蹈矩，在别人限定的范围内不敢越界。这不仅会让儿童丧失探索的愿望，从而失去积累相关经验的机会，而且也阻碍了儿童创新意识与能力的发展。

当儿童的主动性超过内疚感时，儿童会获得有自我理想的品质。

（9）开始有了基本的行为规范

幼儿时期，孩子已经有了秩序的概念。对孩子某些特定的行为进行规范，培养孩子良好的行为规范意识，学习有意识地控制自己的行为，对孩子日后的成长具有十分重要的意义。

所谓某些特定行为，父母可以根据自己孩子的情况进行确定。可以按父母认为最重要的次序进行排列，一阶段时间内只针对一个问题进行规范。这个问题解决了，再针对下个问题进行相应的规范，久而久之，孩子会形成良好的行为习惯，这将成为他们成长中非常宝贵的财富。

在制定行为规范时，父母应首先向孩子解释清楚为什么要制定这种规范，它能带来什么好处。其次要让孩子参与这些规范的制定，倾听他们的要求，按他们所能达到的程度制定规范，这样他们才能乐于遵守。

规范要具备可操作性，超越孩子的能力及意愿制定的规范，最终都可能实行不下去。强化规范的重要手段是设立相应的奖惩规定，相关规则一旦制定，父母在任何情况下都要坚持按规则行事。父母对规则的坚守会让孩子意识到与规则相左的事情都是行不通的，从而不再尝试做出违反规范的行为。

现实中，我们常常看到这样的情况：对于孩子同一个行为，父母会根据当时自己的心境做出截然相反的处理，这样做的结果就是会让孩子搞不清自己的行为是否妥当，是不是应该继续。在让孩子遵守规范之前，父母需要理解坚持规范的意义。

4. 儿童时期〈6~12岁〉

从6周岁到12周岁是孩子心理发展的儿童时期，也叫学龄期。这一时期是孩子从小学到青春发育开始的时期，孩子入学是走向社会的起点，他们的生活环境、人际关系都发生了重大变化，是孩子心理发展的一个重要转折点。

（1）第二次社会适应力的锻炼——上小学

6岁的孩子生活要面临一个重大的变化——上小学。这意味着他们不再是只知道游戏玩耍的幼儿，学习成为他们的主要活动。

①为孩子的新环境，建立积极的解释系统

在孩子上小学前，父母应提前对孩子进行新角色的适应性练习。之前说到孩子的解释系统深受父母的影响，因此父母在教育孩子适应新的环境时，应多使用积极的语言，如"上学后可以交到更多的朋友呀"，让孩子觉得上学是一件值得期待的

事情；尽量少使用消极的语言，如"如果学不好，你长大了将会有很差的人生"，这样会让孩子觉得未来充满坎坷、艰难，令孩子形成消极的信念系统。

②学习态度、方法与习惯的建立最重要，而非成绩

小学时期，家长应重视对儿童的学习态度、习惯和方法的指导和训练。

小学1~3年级，是孩子对学习的适应期，此时父母关注的重点放在孩子的学习态度和学习习惯的培养上，而不是孩子的成绩；4~6年级，儿童面临的重点问题是学习方法和学习习惯的养成。

孩子初入学时，父母就应与孩子就课后时间的安排进行协商，制定出相应规范。比如，什么时间写作业，什么时间看动画片，什么时间玩游戏，什么时间睡觉。计划一旦确立，就应遵守执行。计划执行初期，父母可进行适当的陪伴，不过陪伴的目的是帮助孩子熟悉并执行制定的计划，以便及时发现和纠正孩子不良的学习习惯和方法，帮助孩子解决在学习过程中遇到的困难。一旦孩子形成了良好的学习习惯，达到心理学家所说的动力定型，父母就应停止陪伴。长期的陪伴行为会让孩子觉得自己不被信任，还会影响孩子的责任心，认为学习是父母的事情而不是自己的。

③观察孩子对新环境的适应性，及时给予必要的帮助

进入小学，对于孩子来说，是继上幼儿园之后，又一次脱离熟悉的环境，进入到一个全新的环境，是他们人生中又一重大事件。面对陌生的环境，以及老师、同学等更大的社会交往圈，能否在最短的时间内融入其中，是对儿童社会适应力的又一次考验。

此段时期，父母应多跟孩子进行交流，询问孩子在校学习和生活的情况，观察孩子对同学和老师的评价，了解孩子在学校的状况，从中评估孩子对学校的适应情况，以及人际关系的状况。一般说来，如果孩子不喜欢学校生活，多半是他在学校的人际交往中遇到了问题而不知如何解决。这时父母决不能采取代替解决的办法来

解决孩子遇到的困难，而应与孩子一起讨论，启发孩子解决冲突的方法，从而帮助孩子提高解决问题的能力，积累相应的社会经验。

（2）与孩子建立"及时帮助"的亲密体系

儿童时期，孩子的身心发育快，接触到的社会环境发生了重大改变，学习的知识开始从形象思维向抽象思维过渡，孩子们开始出现跟不上课业、和同学相处不融洽等状况。这一时期父母应对孩子的学习和生活情况保持高度的关注，一旦发现孩子出现困难，应立即给予支持，并提供帮助。

如何给孩子提供帮助和支持呢？首先要让孩子学会求助。生活中，我们发现最基本的求助手段并不是每个孩子都掌握的。遇到困难时，很多孩子都不知道也不愿意向身边的人发出求助信号。为什么有些孩子不会求助呢？心理学家认为主要跟孩子的成长经历有关。比如婴儿期的孩子因饥渴等原因向父母求助而没有得到及时的回应后，孩子就有可能认为向他人求助是没有用的，从而丧失求助的意愿。

有这样一个案例，一个从小不在父母身边生活的孩子，在小学三年级时回到父母的身边。父母发现，这个孩子总是到很晚了还完不成作业，问到原因时，这个孩子说他不知道应该如何计算某道题。父母就很奇怪，他们一整晚都待在孩子的身

沟通多一点，亲情浓一点！

88

边，孩子为什么不向他们寻求帮助呢？这是因为这个孩子从小没在父母身边长大，没有形成向父母求助的习惯，并且我们认为这个孩子也没有向周围人求助的意识。所以说，父母这时最紧要的任务并不是教孩子如何解题，而是尽快帮助孩子获得向他人求助的能力。可以尝试每天早晚两次拥抱孩子，在他的耳边重复这样的话，"爸爸妈妈非常爱你，在你遇到任何困难的时候，我们都会坚定地站在你的身边支持你"，慢慢让孩子意识到他们是可以寻求帮助的。

再次就是要让孩子勇于求助。当孩子遇到困难寻求帮助时，父母一定不能发出嘲弄的声音，这样孩子以后会因为害羞再也不敢暴露自己遇到的困难。而且父母经常的嘲弄还会让孩子将问题归结在自己身上，认为是因为自己无能才解决不了问题，而不是问题本身的缘故。长此以往，孩子就会慢慢形成内向、胆小、懦弱的性格。正确的做法是，对于孩子提出的每一个问题父母都应表示赞赏，并对他们的问题尽可能地予以解答。这样，孩子在遇到问题时就不会感到羞愧，而只会对问题本身产生兴趣，积极探索解决问题的方法，并敢于向能给予答案的人进行求助，直到弄清楚为止。

（3）儿童自我意识形成期的正面引导

所谓自我意识，简单说就是一个人看待自己的方式。良好的自我意识表现在人们喜欢自己，并相信自己也为他人所喜欢。具有良好自我意识的孩子有着敏锐的自我观察能力，可以清楚地认识到自己的所作所为，有积极的自我评价结果；善于自我调节，可以很好地控制自己的言行，调节自我内心的冲突，保持心态平衡。反之，拥有不良自我意识的孩子在遇到困难、挫折和冲突的时候，则容易自我放弃，冲动行事。

心理学家认为，人格在18岁形成，而人在6岁时就已经形成自我意识。自我意识是人格的核心，它的好坏不仅直接影响人格的形成，而且通过下列模式影响人的行为：自我意识决定态度，态度决定需要，需要决定情感，情感产生习惯，最终影响行为。因为自我意识可以决定人的行为，所以我们通过一个人的行为就可以判断他的自我意识处于什么样的状态。自我意识不好的人，会有如下表现：自我轻视，认为他们对自己和别人都不重要；不能容忍批评意见，把批评当成是人格的贬损；喜欢散播谣言，传播他人的痛苦以求自我感觉良好；嫉妒且没有安全感；人际关系有严重问题，没有朋友；对目标冷漠，认为有没有目标都不会成功。拥有好的自我意识的孩子会表现出：喜欢自己，在任何场合都很坦然；有目标，有强烈的成就愿望；容易受到鼓舞，有兴趣，敢尝试；不记前嫌；不会持续抑郁，会重新奋起；不害怕敞开心扉与人分享，能建立持久、深刻、爱的关系；拥有自信，相信自己做事的能力，相信能实现目标，热爱生活。

那么如何帮助儿童形成良好的自我意识呢？心理学研究表明，自我意识的形成主要受这几个因素的影响：我们认为别人如何看待我们；我们认为别人如何期待我们；我们与他人的关系。对于大多数人而言，他人对自己的看法和他人对待自己的方式是我们行为的最有效影响源之一。

儿童形成对自己看法的第一途径是通过父母、老师和同学的评价来获得的。因此，父母在这个时期要从帮助孩子确立正确的自我意识入手，不对孩子乱下结论。同时，尽可能与老师保持必要的沟通，关注老师与同学可能做出的对孩子有影响的评价，并尽量减少负面信息可能对儿童造成的影响。

（4）导致孩子形成不良自我意识的五种行为

父母、同伴、老师对孩子自我意识的形成都有很大的影响，通常来说，父母的影响最大，而自我意识的好坏对孩子的人格形成和行为方式也有重大影响。因此父母应该了解如何对孩子施加积极的影响，避免消极的影响。一般来说，父母、老师与同学对儿童的不良影响主要有以下五种，要尽量避免这些不当的行为。

①否定、诋毁和批评

儿童把所有的评价、表情、语气、行为、暗示都储存在潜意识中一个叫做"我是谁"的"文件夹"中。有研究表明，一个人六次听见同一件事情、同一个评价就会在潜意识中记录下来，无论这种评价正确与否。如果父母、老师及同学对一个孩子的评价是愚笨或无能的，慢慢的，这个孩子的潜意识会接受这种观点，并不再做出试图改变的努力。诋毁式的批评会剥夺一个人自尊的意识。

②不公正的对比

人们习惯于将一个孩子最坏的品质与另一个孩子最好的品质相比较，然后得出不恰当的评价，进而影响孩子自我意识的确立。父母与老师还喜欢将学习成绩作为衡量一个孩子是否是好孩子的唯一标准，这也在很大程度影响了孩子的自我评价。心理学研究表明，由于基因排序不同，儿童在各方面的成熟顺序是不一样的，所具备的能力也各有不同。一个在低年级运算有困难的孩子，不代表他到高年级时运算仍然困难；一个学习成绩并不突出的孩子，却有可能具备突出的动手能力。如果成年人忽略孩子的整体状况，片面地将孩子某方面的不足加以放大，那么这个孩子就会认为自己是不好的，是不值得他人重视的，慢慢就会形成不良的自我意识。

③抛弃与拒绝

同学、老师及周围的人常常通过抛弃、拒绝的行为，暗示这个儿童是不可爱的，从而对孩子自我评价产生消极影响。心理学家通过研究发现，一个人在三十岁前潜意识中将保存3兆的记忆，这其中会有许多被他人拒绝的记忆。有一个场景也许我们并不陌生，老师指着一个没完成作业或考试成绩不合格的孩子对全班的学生说，这是个坏孩子，大家不要同他玩。身为老师，他们并不知道他们的鄙视或惩罚会对孩子造成伤害。一些心理治疗师在使用催眠术疗法治疗恐惧失败的病例时，会发现这些恐惧失败者都能追溯到上学时老师当众嘲笑或羞辱自己的一次或几次事件。

在儿童发展早期，被社会认可接纳意味着能获得精心养育、安抚、安全和诸如食品等其他一些强化物，从而构成一个强有力的奖赏。而与社会认可相比，被社会拒绝意味着非常可怕的后果，对孩子内心世界会造成持久的伤害。

被同伴拒绝对孩子来说是一种灾难性事件，意味着将无法获得社会归属与社会激励这两种人类基本需要的满足，被父母或其他监护者拒绝则会造成更糟糕的影响，它会在孩子的社会心理发展中留下永久的烙印。身边人的抛弃态度也是一种社会拒绝，对孩子来说这是一种非常严重的惩罚性行为。

④自我否定

父母、老师和朋友常常通过自我否定来影响一个人的自我意识。"你知道我为你做出多少牺牲吗？到头来你是怎样做的？"这类话并不陌生，几乎我们每个人都受到过类似的指责。仔细回忆一下我们当初听到这种指责时的心情，我们似乎还能感受到那种因愧疚而痛恨自己的情绪。事实上，这样指责的后果会让孩子认为自己没有存在的价值，自己是不值得他人喜爱的。

⑤不能正确地看待失败

父母与老师不负责任的、结论式的评价剥夺了儿童失败的权利，剥夺了儿童继续进取的信念，也必将剥夺儿童应有的成长过程；那就是：允许失败，重新再来，然后获得成功的必要经验。只有经历过这种由成功带来的快乐体验，孩子才会有走向下一次成功的动力。

我是好学生吗？！

许多时候，孩子的未来就掌握在父母的手中。

（5）"好学生""坏学生"最早的分水岭

好学生、坏学生、优等生、中等生、差生……这些令人愉快或不愉快，希望或沮丧的名词，就这样常常被定义在孩子们的身上，而无论是老师、学生还是家长，都无法完全避免这些划分和定义。那么，究竟是什么，使原本相差无几的孩子，走上了"好学生"与"坏学生"的分水岭？影响孩子学习的因素复杂多样，而最为重要和最为早期的影响，可能来自于"个人的归因方式"和"任课教师的评价方式"。

①我为什么成功或失败——个人归因方式如何影响孩子的学习态度

小学时期，孩子已经开始学会用一些外在因素来解释他们行为成功或失败的原因。每个孩子的归因方式都存在着个体的差异，从而影响着他们的行为表现。

成就动机高的孩子会发展、掌握以及导向归因，成功时，他们认为是自己有能力的表现，这种能力会随着不断努力而提高；失败时，他们会把它归因为可以控制或可以改变的因素，如不够努力或任务比较难。不管是成功还是失败，这些孩子总是抱着认真的态度，并总是很有毅力，他们的学业自尊水平较高。有一部分孩子对自己的表现则倾向于做消极的解释，他们总是把失败归咎于能力；当他们成功时，却又归因于运气等外在原因。他们认为能力是天生的、不可改变的，即使努力也改变不了失败，这些孩子的学业自尊水平自然就比较低了。

儿童的归因方式是后天习得的，受周围重要成人归因方式的影响，父母在对儿童进行教育时，应该重视帮助孩子建立起积极的归因方式。

②教师对孩子的评价——孩子学习态度的主要影响人

小学时期，老师对儿童的态度，也是影响儿童学习态度的重要因素。由于教师权威的地位，孩子会习惯性地接受教师对他们积极或消极的看法。通常我们会看到一个孩子因为喜欢某个老师而喜欢某个课程，某门功课就会变得很好；同样许多孩子也会因为某位老师的不友善甚至是蔑视的态度而变得讨厌这门学科，成绩自然也不理想。

心理学上有个著名的"预言自动实现效应"的实验，实验者在一批成绩不佳的学生中随机抽出几十名学生重新组成一个班。实验者告诉这些孩子，经过科学测试，他

让孩子远离校园暴力！

们是全校智商最高的孩子，并预言他们班会成为全校成绩最好的班级。一年之后，这个预言果然实现了，实验者发现这个班级的孩子对自己的能力的自信有了极大的提升。由此我们可以看出，教师对待孩子的态度是影响孩子学习态度的主要因素。

（6）孩子厌学的背后——不可忽视的校园暴力

孩子如果在某一天突然表现出不想去学校了，父母们一定要注意这种行为背后的原因：这个孩子一定是遇到了问题。这问题可能来自于老师的批评、与同学的矛盾等，但也极有可能是遭受到了校园暴力。

校园暴力带有一定的普遍性。儿童在校园中遭受到来自于高年级、同年级，甚至是校外人员的欺负、欺侮行为时，最通常的表现是内心惧怕、不会处理，只好忍气吞声、不敢声张。对于正处幼年的孩子来说，无论遭受到的偶遇性还是经常性的校园暴力，都会给孩子的身心健康带来极大的伤害。经常受到欺负的孩子会有性格两极分化的倾向：一类孩子通常会情绪抑郁、注意力分散、孤独、逃学、学习成绩下降和失眠，严重者甚至会有自杀倾向；另一类孩子会在潜移默化中形成暴力倾向，脾气变得乖张、暴躁，甚至于做出模仿暴力实施者，对弱小者暴力相向的错误举动。而实施暴力者多数也为同龄的学生或社会青少年人群，这种行为对于施害者自己也会造成极负面的结果，暴力行为和行为失调得不到及时的制止与纠正，会形成反社会的人格，最终很可能走上犯罪道路而无法挽回。因为人是习惯的动物，一种行为一旦形成习惯，就会延续下去。

一旦发现孩子遭受到了校园暴力或校园伤害，父母应立即采取措施，与学校取得联系，消除使孩子可能遭受校园暴力或伤害的因素；同时，及时教会孩子面对危险时的自救自保措施和方法，如尽量避免上下学行走在偏僻之处、上下学应与同学结伴或由家人接送、遇到危险时应立即向成人求救、立即离开偏僻的位置、立即寻找最近的报警点或向有保安人员的路边门店和单位寻求保护等等。如在无法脱身时，应从容镇定地与施害者周旋，等待救援，或在受到胁迫时应舍弃随身财物以保证自身安全等等自救措施。

父母在孩子厌学时，应及时与孩子进行沟通，了解孩子的真实想法，帮助孩子解决遇到的问题。对于处在儿童期的孩子来说，父母是帮助他们解决一切问题的第一人选，父母应做好监护人的角色。

（7）童年榜样的作用

对于儿童时期的孩子来说，父母、老师、手足和同伴，常常是孩子最重要的榜样。

首先，父母在处于童年期的孩子的心中都是无所不知、勇敢强大和值得信赖的。他们羡慕父母的才能和他们在社会中的地位。他们总是追求与父母服装一致、兴趣一致，他们也都希望能得到父母的认可，不管父母是善良的、慷慨的，还是狭隘的、自私的，孩子都会照单全收、有样学样。因此，父母一定要注意自己的道德修养和言行举止，给孩子树立一个好榜样。

其次，兄弟姐妹、同伴对孩子的影响也非常深远，他们不仅是相互玩耍的伙伴，也是相互的安慰和故事的传播者。他们在相似的日常事件中体验着类似的情感。年幼的弟妹的存在可能引起兄姊的嫉妒、自怜乃至愤怒；但不可否认的是，兄姊的许多行为直接影响着弟妹习惯的形成。

年幼的孩子总以为年长的孩子聪明、勇敢、成熟。兄姊的服装、体育才能、在学校的地位都令他们羡慕。他们总是追求与兄姊们服装一致、兴趣一致，也希望能得到他们的认可。因而，在大多数家庭中，兄弟姐妹非常相似，无论是言谈举止还是待人接物。此外，优秀的同伴可能引起孩子的嫉妒、学习乃至奋进，影响孩子某些习惯的形成；同样，有不良习气的同伴，也可能成为孩子沾染坏习惯的"小老师"。

最后，孩子通常对老师充满了信任与尊敬，年幼的学生会把老师等同父母一样看待，年长的学生会模仿老师的言行和风度。教师的信念、才能、品格和自我控制能力自然而然地为学生所接受、模仿和学习。公正、诚恳、信守诺言，不允许同学间相互争斗的老师会创造出一个具有良好风气、团队气氛融洽的班级；只会批评、惩罚、命令学生的老师，只能培养出相互争斗、相互欺骗的学生。

除了经常性的榜样以外，一些偶然出现的榜样，有时也会影响青少年习惯的形成，例如电视、电影、文学作品中的人物也会成为孩子的榜样。因此对于孩子阅读、观看的文学作品、影视作品，父母也应进行筛选与指导，以免孩子受到不良影响。

5. 青春期〈12~18岁〉

一般男孩在11~13岁，女孩在10~12岁开始进入青春期。青春期是个体第二个生长发育高峰期，也是孩子人格形成的重要时期，更是人的一生中非常关键的时期。许多儿童时期表现良好的孩子，就是在进入青春期后出了问题，从而影响了世界观及人格的形成，使得他们无法取得他们本可以取得的成就。

（1）青春期生理变化带来的心理敏感和困惑

首先，进入青春期的孩子在生理上会出现明显的变化，男生的骨骼会增高加宽，女生身体的脂肪开始堆积，并形成曲线。事实上，青春期的生理发育在很大程度上受激素水平变化的影响，有研究结果表明，为满足生理急剧变化的需要，青春期个体体内的激素会激增，数量会超过成人的5~6倍。如此高的激素在体内聚集，就难怪青春期孩子的情绪会出现易起伏、易冲动、不稳定的症状了。

其次，生理的快速发展要求青年人必须适应发展中的新自我，同时还必须适应别人对于他的新形象所表现出的反应。对发育中的孩子来说，既不像成人，也不像儿童，发育的差异通常还会引起周围人的一些反应，从而加重孩子的情绪变化。如纤瘦的少年通常被称为"麻秆"，胡须浓而密的少年被叫做"大胡子"，这样的称呼通常给孩子造成自卑心理，引起他们对自身的质疑。

再次，发育的快慢、迟早也会给青少年造成压力。比如身体发育快的孩子通常被评论为"四肢发达、头脑简单"，众人对他们的要求会更加苛刻，他们承受的压力就更大；而发育慢的孩子由于比较矮小和瘦弱，在一些竞技活动和体力活动中处于弱势，就极易使他们心理受挫。研究显示，发育迟的孩子自我意识通常也比较差，与父母和同伴的关系也不密切，行为表现较不成熟。

此外，伴随着第二性征的显露，孩子对这些身体上的变化既感到自豪，也会感到困惑。青少年对自己崭新的体格和随之而来的心理变化是否适应，在很大程度上取决于父母对待他们的性教育的方式——父母对于性的隐密和禁忌态度常会引起孩子的猜疑和焦虑；而大方自然、实事求是的观点反而能够帮助孩子较为顺利地接受和克服特定时期的身心焦虑。

（2）帮助孩子顺利度过第二反抗期

从心理成长的角度来说，12~15岁青春期被称为"第二反抗期"，也有学者称之为"心理断乳期"。这段时期的孩子处于生理和心理发展急剧变化的时期，他们对父母的管教深为反感，甚至可能在行为上发生反抗。这一时期孩子的心理问题比较多、比较复杂，心理发展如何往往会影响到人性格的形成和健康发展。因此，帮助孩子度过这个时期就显得极为重要。

①多建议少命令，让孩子在明理之中自主选择

处于"反抗期"的孩子不喜欢别人吩咐他做某件事或被迫接受某种意见——哪怕这意见和行为是正确的。

当孩子遇到问题，父母希望孩子能接受某个建议时，千万不要使用教训和勒令的方式给予孩子意见，这样只会加重孩子的逆反心理。父母应帮助孩子具体情况具体分析，然后提出几种解决问题的方式供孩子参考。这样既表现了对孩子独立性的尊重，又可以让孩子体会到以更多的视角看待问题和解决问题的方式。当父母希望孩子接受某个建议时，应多使用陈述句、疑问句，用尊重的语气，以征求、商量的口吻，向孩子提出建议，这样效果通常会更好。

②多赞美多鼓励，强化优点引导孩子积极向上

青春期的孩子很在意他人对自己的看法。对于孩子的优点，父母要及时予以表扬，积极强化孩子优秀的一面；对于孩子的缺点，父母不可妄加批评，而应耐心地给予指导和鼓励，给孩子指明今后努力的方向。这样才能引导孩子向好的一面发展，养成积极向上的性格。

比如，当孩子因故考试成绩明显下滑时，父母不应嘲讽孩子，这样只会适得其反，迫使孩子反抗心理更加严重。若是父母能够采取安慰、鼓励的方式，耐心地听取孩子分析自己失败的原因，并适当地给予意见和鼓励，孩子就比较容易接受，并能正确面对失败。

③不责骂常沟通，给予孩子情感支持

孩子总会遭遇到痛苦事件，例如学习考试不顺利、与老师同学相处不愉快，或犯了错误而感到沮丧和挫折，这时家长不应不问青红皂白地责骂孩子，只顾发泄自己心中的失望和不满，这只会让孩子永远闭上向你寻求帮助与支持的嘴巴；或者家长忙于自己的事情，对于孩子的倾诉马虎应付、边做事情边听，这也会失去与孩子沟通的宝贵时机。明智的父母这时会平和、安静地倾听，适时地表达同情，给予孩子温暖的情感支持。待孩子的情绪平复后，再给予一些积极的鼓励与解决问题的建议，相信对于孩子改正错误、恢复自信、减少成长之中的烦恼，将有莫大的裨益，家长也会因此得到孩子更多的信任感和情感共鸣。

另外，在观察到孩子在某些阶段出现一些小问题时，有时可以先予关注，不急于干涉和批评，等待事态的发展，再进行有效的干预。这时，耐心很重要。

④尊重孩子权利，避免激发孩子逆反心理

青春期的孩子，对于家庭中的各种事项，有积极热切的参与愿望，如购买电器、帮助父母选择衣着、养育宠物等等，他们都非常希望父母能够听取他们的意见。无论是否采纳他们的建议，父母都应该表现出对他们的看法极为重视的态度。如孩子的建议合理得到采纳，应及时赞扬孩子；如孩子的建议未被接受，也应做出说明，得到孩子的理解，让孩子体会到自己是家中一员，是被重视的。

同样，对于孩子的其他个人权利，父母也要给予尊重，以免激发孩子的逆反心理。例如，应充分尊重孩子的"隐私权"，给孩子独立的空间、不乱拆孩子的信件、不偷看孩子的日记、不偷听孩子的电话等。

另外，在尊重孩子的各项权利、重视孩子的自信建立，以及维护孩子的自尊心的同时，也应让孩子尽早明了一个家庭最基本的理念、观念和规矩，或者说，就是一个家庭的是非观念和价值底线。这些底线有关对错、是非、道德和人品。要让孩子从小明白，这是大是大非问题，"勿以善小而不为，勿以恶小而为之"，不可马虎；要让孩子意识到，超越底线的行为是父母难以原谅的行为，是对家人最大的打击和伤害，也是自己品格的最大损失。

要让孩子在青春期甚至更早就在内心构筑基本的是非道德基线，这对于孩子顺利、健康的成长，可说是坚实有力的保护，可以让孩子远离祸患，更容易成才，更容易接近成功和幸福。

（3）青春期——人格障碍的最佳干预期

性格古怪、内向孤僻、敏感多疑、自我中心、情绪不稳、过度焦虑、难与他人相处、喜怒无常等等，可以说是当代青春期人群中相当一部分孩子的主要性格特征。这些对于自我和他人，以及社会都会产生负面影响力与灰色效应的非健康性格特质，如果得不到及时干预，到成人期就可能发展为"人格障碍"，影响个人的生活，甚至危害社会。

大量研究与调查显示，18岁之前，人格障碍倾向都是不稳定的，是可以改变和逆转的。孩子进入青春期时，逐渐用自己的想法来取代父母的观念，这时人格障碍倾向表现得最为明显，也是心理辅导和干预的最好时机。研究发现，通过正确的辅导和干预，60％的孩子在成年后可以恢复正常，90％情况会有明显好转。

父母在孩子青春期前期人格建立中的角色至关重要，需要注意的有以下几点：

①避免溺爱孩子

对孩子过分娇宠，会阻碍子女独立性和社交能力的发展，致使子女形成缺乏自信、过分自我约束和过度依赖等不良的人格特点。父母应该关心孩子在做些什么事，但不应过多干涉；父母应该爱护孩子，但不应过分溺爱；父母应该指导孩子做事，但不应为可能出错而过度担心。总之，父母应该给予孩子足够的个人空间，应明白，犯错是孩子的权利之一。

②情感温暖型的养育使孩子充满自信和爱

父母应该对孩子采用情感温暖型的养育方式。如果孩子在成长过程中从父母这里得到的是持续不变的温暖情感，他们将在生活中充满自信，以积极向上的乐观态度对待人生，对他人施予同情和关怀，善待周围的人和事。

③拒绝、惩罚型的养育可使孩子形成不良人格

许多研究表明，长期过多惩罚、批评的养育方式，易使子女形成难以适应社会的不良人格特征，从而形成人格障碍等精神障碍的病前人格基础。为了孩子身心健康成长，家长要采取正确的教育方式，营造健康的家庭环境，不要对子女过分惩罚、归罪、羞辱以及当众责骂，让孩子在和谐、温馨、安全的家庭环境中成长，形成健康的人格。父母应注意避免对孩子采取拒绝惩罚型的养育方式。

（4）青春期的性教育

青春期是个体由儿童向成人的过渡期，也是人生发展历程中一个独具特色的关键时期。与儿童期相比，"性"，成为这一时期极为重要的发展内容和发展主题，是影响人生进程的重要课题。

首次遗精及月经初潮分别是男孩和女孩在青春期所经历的重要生理事件，对青春期孩子的心理会产生巨大冲击，他们会非常担心自己的身体发育是否正常。研究发现，多数的男孩对于首次遗精多感到害羞、新奇、恐慌；女孩对于月经初潮的主要心理体验为恐慌、害怕、羞怯。

伴随着月经初潮和首次遗精，还有孩子的性冲动，孩子开始对异性感到兴趣，并有意识地进行探测和有目的性的接触。由于这个阶段孩子性意识的不稳定，在一些不良因素影响下可能出现性犯罪。所以，这个阶段也被称为"危险年龄期"。如果这段时期父母对性问题避而不谈，不能给予孩子明确的指引，就会促使孩子通过

其他渠道进行探求，如小说、电视、网络等，就极易让孩子获取到一些错误和有害的信息，导致一些错误的行为。

青少年只有了解了身体的具体发展情况，具备良好的性道德观念，才能正确对待有关性的各种行为，正确对待和处理男女之间的关系，为以后建立健康的恋爱和婚姻关系积累经验，并保证自己在生理、心理和社交关系等方面的健康成长。

因此，让孩子接受科学、完整、适当的性教育，建立良好的性道德观念，是父母和学校不容推卸的责任。

性教育实际上涵盖了生命教育、人格教育、两性交往、心理健康，以及安全教育等多方面的内容。青少年需要了解的性知识主要有：男女生殖器官的形态学和生理学知识；月经、遗精现象及其生理意义和保健知识；如何正确看待手淫问题的教育，青春意识的正确引导；提供少男少女坦然、直率、正常的交往机会，发展同学之间正常的友谊，促使他们形成抗拒性诱惑和妥善处理两性交往等问题的能力，防止早恋和性犯罪；对女孩还要加强自身保护的教育。

因此，父母在对待青春期子女的性教育问题上，是主动进行，还是被动躲避，对孩子能否建立正确、健康、成熟的性心理，能否顺利度过性朦胧期，有着极为重要和深远的影响。以下是两种不同性教育态度的对比。

①主动大方讲解，消除疑惑，建立正确性知识

对于正值青春期的孩子，父母应主动大方地向其传授有关"性"的知识，可以提供青春期生理发育的书给孩子看，或是与孩子一起上网查阅相关的资料，将性知识、性器官的名称教给孩子。

向孩子解说什么是性侵犯，如何避免性侵犯的发生等；以及怀孕生育的知识，让孩子了解生命诞生过程的相关知识。

②一味回避，或消极等待发问，引发孩子更多的好奇和猜疑

对孩子进行性教育父母要采取积极、主动的方式，不要等到孩子遇到问题后再

进行交流，这时可能就于事无补了。

孩子身边或社会上发生的事件，电视剧的相关情节，与性教育、性犯罪相关的新闻报道等，父母都可以用作向孩子传授性知识的素材。这样针对具体事件进行的教育，气氛自然，孩子也比较容易接受。

父母也可以说说自己或是亲朋好友青春期经历的故事，向孩子阐述自己对一些问题的看法。交流过程中一定要注意倾听孩子的看法，及时了解孩子的性心理，建立孩子正确的性道德，将可能发生的事情扼杀在萌芽状态中。

当孩子主动提出问题时，父母一定不要妄加猜测，追问是谁发生了什么事情，以免激起孩子的逆反、厌恶心理。针对这类问题，父母最好的做法是正确、科学地解释问题，同时提供解决问题的办法和建议，表明支持的态度。

二、不同气质，不同的方式
Different Characters, Different Methods

父母总喜欢拿自己的孩子跟别人的孩子相比，"你看看他们家的孩子，怎么就那么听话，你怎么就那么调皮呢？"……

但是，父母要知道每一个孩子都是独一无二的宝贝，可能你的孩子本身就气质不同。因此，每一位父母都需要了解自己的孩子属于哪种气质，哪种教养方式最适合他。就是在父母耐心、细致的浇灌下，每个孩子才成长为令人称赞、令父母自豪、独一无二的宝贝！

气质是与生俱来的个体心理稳定的动力特征，是个体对外界刺激的心理行为反应方式，是人格的先天基础。人的气质是有明显差异的，最早对气质加以分类，给予细致描述并被后人接受认可的，是公元前5世纪古希腊著名医生希波克拉底。

希波克拉底在长期的医学实践中观察到人有不同的气质，他认为气质的不同是由于人体内不同的液体决定的，他设想人体内有血液、黏液、黄胆汁、黑胆汁四种液体，并根据这些液体所占的比例把人分为不同的气质类型。

按照他的划分，气质可分为四种类型，即多血质、胆汁质、黏液质、抑郁质。体内血液占优势的人属于多血质，黄胆汁占优势的人属于胆汁质，黏液占优势的人属于黏液质，黑胆汁占优势的人属于抑郁质。

气质在童年期表现得较明显，年龄越大，后天性格对其的掩饰作用越显著。虽然气质本身无优劣、高下之分，每种气质特点都既有积极的一面，也有消极的一面，不过，不同气质特点的个体与周围世界的作用方式各不相同，这会影响孩子与周围人的关系，并影响其行为的发展方向。因此，父母在孩子小的时候，就应全面准确地了解孩子的气质特点，并在此基础上探求适应气质差异的教养方法，为孩子"个性化"发展铺好基石。

1. 胆汁质孩子：保持天然的热情，抑制自毁的冲动

小C热情善良、活泼好动，很难想象他才上小学二年级，却已经转了4次学！最近，小C又开始闹脾气，向妈妈抱怨说学校不好、同学不好、老师不好，又想转学。父母不同意，他就又哭又闹，摔东西、头撞墙，还扬言不转学就要绝食或自杀！父母觉得问题严重了，赶紧联系老师了解情况，原来小C最近上课表现很差，不认真听讲和完成作业，和同学关系紧张，常有口角和打架的事发生，有时甚至还逃课去网吧。

父母就很纳闷，小C个性坦率直爽，对人也很热情，喜欢帮助别人，按理说至少在与同学相处上是没有问题的，但是转了4个学校，小C却还没交一个很好的朋友，这到底是为什么呢？原来，刚开始时因为小C热情的性格，同学们都很喜欢他，但是，时间一长，跟同学有一点儿小摩擦，小C就会大发脾气。有人为难他，他就会跟人家打架；别人说他一点儿不好，他就会和别人争吵。慢慢地，同学们都避开小C，不和他玩耍了。

另外，小C是个聪明的孩子，为什么学习成绩也不好呢？父母仔细观察小C的行为后发现，对自己喜欢的事情，小C热情很高，喜欢琢磨；但是对于不喜欢的事情，就提不起兴趣，甚至都不多看一眼。开始时父母觉得这没什么——孩子的天性嘛，再说这也说明自己的孩子聪明。可是上学以后，问题就出现了：小C不喜欢数学、英语，上课时根本就不听课；遇到他喜欢的语文、音乐、画画等课程，他倒是热情很高，听得津津有味。这样一来，小C偏科严重，学习成绩自然也就不好了。

通过对小C行为的观察，可以基本确定小C属于典型的"胆汁质型"。胆汁质型又称为"兴奋型"，这种气质的孩子通常兴奋性高，精力旺盛，对于自己喜欢的事情，可以用很高的热情去做；脑袋里出现什么想法，马上就去实施，根本不想后果，结果就出现和同学打架、吵架等问题。另外，父母对小C不良行为的放纵，也导致了小C心理上的偏差。好在小C年纪还小，通过适当的教导和矫正，小C的这些

性格弱点和不良行为还是可以引导和改变的。

总的来说，胆汁质型的孩子特征如下——

优点：热情，直爽，有魄力，精力旺盛，积极进取，不怕困难，好恶分明。

缺点：脾气急，易动感情，行事鲁莽，心境变化剧烈，易因小事而大发脾气，产生对立情绪，萌生报复心理，做事很少考虑后果。

这类特质的孩子由于长期处于紧张亢奋的状态易产生神经衰弱、癔病等心理疾病，以及头痛、失眠、胸闷、消化不良等身体疾病。

那么，具体来说，对像小C这样的胆汁质孩子可以采取哪些教育措施呢？心理学家提出了以下三个建议。

（1）抑制冲动，磨练耐性

自制能力、感情平衡能力较差，情绪曲线峰谷分明，是胆汁质孩子的特点。父母要有意识地从生活方方面面的细节出发而不仅是从学习上，抑制孩子冲动的情绪，磨练他的耐性。父母应当让孩子明白"喜欢做的"与"应该做的"事情之间的区别：哪些要从兴趣出发，可能只需要对自己负责；而哪些要从实际出发，需要对他人和集体负责。所有人，不仅是孩子，大人也一样，都需要先做应该做的事，再享受喜欢做的事的乐趣——比如，暑假作业与玩耍的关系。从中培养孩子自我克服、抑制冲动的能力，磨练孩子的意志力。另外，父母可以告诉孩子，当他做出决定的时候，可以先咨询大人的意见后，再去实施。父母还要教给孩子一些冷静的方法，比如深呼吸——深呼吸10次再做决定，换位思考——当自己是对方时应该如何处理，以便孩子面对问题的时候保持冷静，理智地寻找答案，避免因冲动而犯错。

书法、绘画、智力拼图、编织等都是不错的培养耐性的方法。另外，这类孩子热情高但易受挫折，父母应多予鼓励，不可打击孩子。

（2）延长注意力集中的时间

胆汁质的孩子情绪亢奋、聪明多变，很易分心，在做一件事情时如果受到别人的干扰，注意力就会发生转移。因此，在胆汁质孩子专心致志地做事情的时候，父母最好不要打扰他。另外，父母可以多挖掘孩子的兴趣，从兴趣上培养孩子的注意力。例如，给孩子一些需要细心和耐性才能完成的游戏，以延长孩子的注意力集中时间。一般来说，对于自己喜欢的事物，人的注意力自然会长久很多。

如果孩子在学习的时候，出现了注意力不集中的现象，爸爸妈妈可以让他选择一个事物凝视，随着视野变小，意识和精神也就渐渐集中起来，心理也就趋于平稳；也可"疏而不堵"，适时地让他玩耍几分钟，或帮家人做一些家务活儿，以体力的消耗，恢复大脑的集中力，让孩子的性格在有机的调节中，逐渐变得安静平和。

（3）以理服孩子，而不是以势压孩子

相对抑郁质和黏液质的孩子来说，胆汁质的孩子性格较为冲动，犯错的机会也就比较多。作为典型的行动派，他们自然比那些不爱行动的孩子失败的地方要多得多。他们情绪不稳定，也很容易发脾气。不过，虽然胆汁质孩子脾气大，但是并不是说他不讲道理。爸爸妈妈在孩子因为冲动犯错时，不要动不动就发火，而应用平静的语调和孩子讲道理，以理服人，而不是因为自己是家长，可以大声斥骂孩子，以威势压住孩子。要让孩子明白错误的原因，孩子才会真正从错误之中有所收获，避免再次犯同样的错误。

2. 黏液质孩子：安静踏实，也要学会变通活泼

程东是父母眼里的乖孩子，也是别人眼里好孩子的典范。除了家里人，大家几乎找不出程东的缺点。比如说，他很小的时候，就能安静地坐着自己玩一个上午，不哭不闹，不惹大人生气，一块儿小手绢他也能玩上好久。长大一些，帮妈妈拖地、关门、拿报纸，样样事都做得井井有条，见了邻居阿姨叔叔也能有礼貌地打招呼。平时刷牙洗脸，出去和小朋友玩，程东都是令人放心的好孩子。可是，太乖的孩子也令父母头疼，比如程东那不紧不慢的脾气，做起事来总是磨磨蹭蹭、拖拖拉拉，

不管大人在一边儿怎么着急，他还是要按他的步骤一样一样地来，怎么说都没用。程东有种特别的固执劲儿，这可能就是别人看不到而让父母最担心的问题。

程东的父母就很担心："平时跟人相处还好，但这孩子做事慢慢腾腾，时间一长，将来怎么跟别人相处啊？"其实，程东的父母过于担心了。

程东的这些表现属于典型的黏液质型，这类孩子习惯用一种相对温和安静的方式观察、研究、探索和学习周围的环境。

黏液质又称为安静型，在生活中是一个坚持而稳健的辛勤工作者，显得较有城府。这类气质的孩子大多是同龄人中的"仲裁者"，态度持重，交际适度，情感上不易激动，不易发脾气，不易流露情感，也不常显露自己的才能。

如果黏液质的孩子有一个很好的家庭教育，那么他长大之后就会成为具有管理才能的稳重踏实的领导者；虽然黏液质的孩子让家长很省心，但是如果不注意对孩子的积极引导，孩子也可能发展成为保守、固执、冷漠、没有追求的人。

另外，如果孩子只是在外面比较安静，在家比较活泼，就说明孩子对陌生的环境不适应，害怕接触陌生人。父母就应经常带孩子出去接触不同的环境，接触不同的人，提高孩子对环境的适应能力。

她们都不理我了

总的来说，黏液质的孩子特征如下——

优点：沉着、平静、迟缓、心境平稳、不易激动、很少发脾气、情感很少外露、胸怀宽广、自制力强、做事有条理、深思熟虑、坚韧不拔。

缺点：沉默寡言、动作迟缓、易抑制、情感发生缓慢而微弱、沉闷、较为固执。

积极的引导，有助于培养孩子稳重踏实、从容不迫、严肃认真的品德；消极的引导则容易将孩子培养成因循守旧、个性不突出、容易依赖他人、拖沓的个性。

在教育黏液质的孩子时，父母要注意以下几点。

（1）培养时间观念，改变拖沓习惯

黏液质的孩子做每件事情时，父母都可给孩子时间的限制，以强化孩子的时间观念。在日常生活中，父母可以多让孩子参与合作竞技的项目，让孩子体会公共效率的重要性，也可以带孩子参与家庭为单位的竞赛游戏，或家庭内部的竞赛游戏，打破以自我次序为中心的个性习惯。

（2）增加孩子活泼度与灵敏度的训练

一般来说，黏液质孩子的灵活性相对胆汁质孩子较弱，父母可以用一些动感较强的游戏加强孩子的灵敏度，如玩跳舞机。如果孩子喜欢听音乐，也可以开发乐器的学习，如吉他、电子琴等的业余爱好，让黏液质孩子的个性中增加一些活泼的特质。

（3）适度培养社交能力

黏液质的孩子大多喜静不喜动，属于"角落里的国王"，可以躲在自己的世界里愉悦很久。这其实并非坏现象，许多黏液质的孩子会成为优秀的科学家和专业学者，就来源于他们喜欢独自钻研的那股劲头儿。家长只需适度地引导孩子参与一些集体和团队的活动，拓展孩子的交往范围，就可以了。比如，周末时邀请一些个性比较活泼的孩子与自己的孩子玩，多血质的孩子是不错选择。此外，父母平时要与

孩子多沟通，让孩子多讲话，通过让孩子表演节目、参与家务等方式促进孩子社交能力的增强。

（4）自主力+自信心的培养

黏液质的孩子大多喜欢依赖别人，因此父母要注重培养孩子的自主性。在日常生活中，多征求孩子的意见，让孩子大胆说出自己的想法。比如，在玩游戏时，父母可让孩子作领导，让他出主意，唤醒他的主人翁意识，激发孩子的指挥兴趣和参与意识。

父母还可以故意给孩子制造困难，让孩子去发现问题、去解决问题，甚至可以鼓励孩子在无法解决问题时做出反抗争辩。如果孩子这时候发火，父母就应表扬、鼓励他能够发现问题并提出异议的勇气，增强孩子独立思考的自信心。

（5）批评的方式应多以启发、提醒为主

相对于其他特质的孩子，黏液质孩子因较为懂事而较少受到批评，所以脸皮较薄。当孩子犯错时，父母的批评应多以提醒的语气，或暗示、举例的方式进行，不可伤害孩子的自尊心。

3. 多血质孩子：给活泼的翅膀加上稳定的平衡器

盈盈9岁，在住进新小区一年的时间里，她认识的人比父母认识的还多，邻居都很喜欢盈盈这个漂亮活泼的小丫头。盈盈是一群小朋友的孩子王，经常领着一群小朋友在小区里做游戏、疯跑，或者领他们到家里，拿出各种零食招待大家，俨然像个合格的小主人，其他孩子也很听她的话。但是问题也来了，盈盈过不了几天就会号召孩子们不跟A玩，一段时间后又是让大家不跟B玩，有时候还发动一帮小孩子训斥某个小孩，弄到别的家长来投诉，让盈盈的父母感觉很不好意思。

一批评盈盈，可是不得了，小家伙又哭又闹，绝不承认自己有错；可用不了多久，盈盈就又开心地玩去了，一点儿不记仇。情绪变化真叫快，让父母也摸不着头

脑。可是，正开心着，突然某个小朋友惹到了她，她的小脸马上就会绷得紧紧的。身边的小朋友既喜欢她又怕她——谁都知道盈盈霸气又敏感，说话时总是小心翼翼的，生怕哪句话说错了，惹恼了她。

盈盈做事快，从来不磨蹭，但手脚毛躁，缺乏耐心，常常因此丢三落四，做作业也是如此。这让盈盈的父母很是发愁，怎么生了一个男孩子个性的女孩？

对待盈盈的教育让她的父母很伤脑筋——说多了她不愿意听，说少了根本没用，她又会做错事。其实，要想找到适合盈盈的教育方式，首先要了解盈盈属于什么气质的孩子。从上面的情况来看，盈盈属于典型的多血质。

多血质的孩子大多思维敏捷，性情敏感，反应快，活泼好动，很容易适应环境，容易在陌生的环境中与人打成一片。热情、勇敢、活泼、适应力强是多血质孩子的特点。不过，多血质的孩子还具有注意力分散、兴趣容易转移、情绪不稳定的特点，做事情大多凭一时兴趣，缺乏系统性和持续力。

总的来说，多血质的孩子特征如下——

优点：有朝气、热情、活泼、爱交际、有同情心、思想灵活、反应迅速。

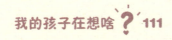

缺点：注意力容易转移、兴趣容易变换、粗枝大叶、浮躁、缺乏一贯性。

这类气质的孩子，教育好的话，可能使他们发展为热情大方、适应力强、具有开拓能力的人才；如果教育不得当，则可能发展为不学无术、轻浮散漫、行动草率、不负责任的人。

对于这样的多血质孩子，父母进行教育的时候，要注意以下几点。

（1）保持乐观好性格

多血质孩子的性格成分比较多样，家长要对其乐观、热情、擅长交际的特点给予鼓励，使孩子保持性格中活泼开朗、朝气蓬勃的优点。

（2）约束过于自由的习性

自由散漫、情绪不稳、兴趣常转移会让多血质的孩子在成功的路上多遇坎坷，因此，父母要从小注意培养孩子做事认真、有条理、有规则的态度。日常生活中可让孩子自己整理玩具、小房间，让孩子体会到纪律的重要性。

（3）培养耐性和宽容，让孩子平和下来

多血质的孩子聪明活泼，遇事反应快，所以自己做事耐性不足、不踏实；对待朋友伙伴的态度常是也常缺乏耐心，不够包容，对别人的错误缺乏宽容，常会有"怎么这么容易你都做不了，真太笨啦"的想法和语言。父母应刻意安排一些能锻炼耐心、细心和持续力的活动或竞赛，让孩子锻炼"安静"的功夫，比如缝补自己的扣子、写毛笔字等，以消磨孩子的浮躁脾性，培养孩子平和的性格特质。

4. 抑郁质孩子：让自信的阳光驱散忧郁的阴云

小咪是个特别的孩子，从小说话细声细气，不问不说，一双眼睛总是一闪一闪地盯着你，让人看着就心疼。幼儿园时，小咪就不跟小朋友玩，总是独自一人，跟阿姨也不亲近。见了陌生人，小咪就会往妈妈身后躲，拉也拉不出来，再多说几句，眼泪就下来了。父母觉得孩子小，长大就好了。谁知道进了学校，还是这样。

有时候被老师叫起来回答问题，不管会与不会，小咪都一声不吭，把老师急个半死。在学校，小咪也不跟同学交流，总是独来独往。遇到事情，小咪常常优柔寡断，不知如何解决，也常往悲观的方面想，多愁善感和唉声叹气都快成小咪的标志了。

如今，小咪快到青春期了，看着这孩子有事从不跟人交流、全都憋在心里的脾性，小咪的妈妈可是急坏了：这孩子以后可怎么办呢？怎么走上社会呢？老师也希望小咪的父母能够加强对小咪的教育，调整孩子的性格。

其实小咪这样的表现属于抑郁质的典型特征，这类孩子一般表现为行为孤僻、不太合群、观察细致、非常敏感、表情腼腆、多愁善感、行动迟缓、优柔寡断，具有明显的内倾性。

总的来说，抑郁质的孩子特征如下——

优点：情绪冷静、不易动情、小心谨慎，思考透彻。

缺点：性情脆弱、优柔寡断、易神经过敏、容易变得孤僻。

抑郁质的孩子易形成伤感、沮丧、忧虑、悲观等不良心理特征，需要父母的正面积极的引导。如果缺乏良好的引导，孩子就易养成自卑、怯懦的性格，缺乏独立性和创造力，难成大器；如果引导得好，孩子能发展成为具有细致审美力和沉稳判断力的人，往往具有特别的艺术倾向和才华。

具体来说，对于小咪这样抑郁质的孩子，心理学家给出了以下几个教育建议。

（1）多给赞扬和鼓励，重塑孩子的自信

抑郁质的孩子自尊心很强，易于接受负面的评价而消沉；但是，也会在持续不断的慷慨的赞扬和鼓励中，重拾自信。父母应在日常生活中尽量创造表扬孩子的机会，放大孩子自身忽视的优点，给予鼓励和赞美。经常利用时机，在更多人面前肯定孩子，会令抑郁而内向的孩子，慢慢活泼开朗起来。

（2）轻松宽厚的家庭氛围，可以打开孩子的心扉

能够营造轻松、活跃、民主的家庭氛围，对于孩子放弃防备，打开心扉与父母

交流，是十分必要的条件。此外，要鼓励孩子多与人结交，参加社会活动，父母还可以提出建议，与孩子一起主动约请他们的朋友、同学到家里玩耍、学习和聚会，借机了解孩子与人交往的能力是否有所增强，还有哪些地方需要更多的帮助和技巧。这些都有助于孩子改变以往陈旧封闭的精神面貌，打开属于自己的多彩的天空。

（3）放手和肯定，是培养孩子独立性的窍门

抑郁质的孩子习惯于依赖父母，父母也习惯于被这样脾气的孩子依赖，常常事无巨细都帮孩子料理周到。这样的结果，孩子的独立性迟迟无法建立，旧有的内向抑郁的毛病也得不到改变。现在是时候来一个彻底的改变了：父母要放开之前紧紧扶着、拉着孩子的双手，只在适当的时候，用这两只手来鼓掌就好了。

在日常生活中，多给予他们独立面对的空间和时间，比如离家外出，让孩子承担家务；让孩子独自外出，为家庭购买必需的生活用品；给孩子权利，让其自己拿主意购买自己的衣物用品等。当孩子独立完成了之前从未完成的任务后，父母要记得及时给予肯定（无论这任务是顺利还是失败），让孩子对自己的独立做事的能力，建立起自信。

（4）保护孩子性格中敏锐、细腻的优点

认真仔细、观察力敏锐，是抑郁质孩子的特点。他们常能发现事物背后潜在的、却常被大人忽视的联系。他们有时候难免多疑，但这不应该成为父母给孩子更多批评的借口。对于抑郁质的孩子来说，批评永远应该是温和的，而鼓励永远不多余，赞扬更是如此。这样才可以保护孩子性格中优秀的特质。当孩子成为一个充满自信的孩子时，他的多疑自然会消失得无影无踪了。

研究表明，高脂肪、肉类和各类汽水、果汁的大量摄入，是引起儿童多动症的主要诱因之一。

随着现代社会人们的生活水平越来越高，城市父母们为孩子提供了更多高热量、高脂肪的食物和饮品，殊不知，这正是造成儿童多动症的原因之一。科学研究表明，动物蛋白质摄入过多，其代谢产品——含氨的化合物，就会引起儿童浮躁不安和好动。另外，汽水、果汁等大都含有较多的糖、糖精、电解质和合成色素。这些物质排泄缓慢，会对胃黏膜产生不良刺激，影响食欲和消化，增加肾脏负担，影响肾功能，更可能妨碍神经系统的冲动传导，易引起儿童多动症。

"爸爸，这个新闻是真的么"

Chapter four

Key Piont of

Children's

Psychology

第四章

儿童心理的
"十字岔路"

现实社会中，父母不可能为孩子提供一个完美纯净的生活环境，而每个孩子天然的特性、气质又都不同，因此，孩子成长的过程中就免不了会遇到一些问题。这些问题有些是孩子成长中必经的，会随着孩子年龄的增长逐渐减轻或消失；但有些问题若不加以调适，就会影响孩子的身心健康成长。作为父母应该练就一双火眼金睛，及早发现孩子的各种问题，及早采取有效的措施加以化解和引导，调整孩子心理，把好孩子成长的每个关口。

一、如何处理生活中常见的儿童问题
How to Deal with Common Children Problems

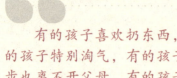

有的孩子喜欢扔东西，有的孩子特别淘气，有的孩子一步也离不开父母，有的孩子就是爱告状，有的孩子张嘴就说谎……

孩子好像天生就是来"折磨"父母的，这些小小的行为背后总隐藏着孩子大大的心理。那么，孩子到底是为什么会有这样的行为呢？这些行为是想告诉父母什么信息呢？

1. 孩子为什么喜欢扔东西

孩子长到9~10个月的时候，家人会发现，孩子好像一夜之间开始喜欢扔东西了，小小的手只要能够抓到，就抓到什么扔什么。当父母捡起来还给孩子时，他们又会立即再扔出去，而且越扔越开心。有些父母会以大人的思维认为孩子是在发脾气；还有些父母却认为孩子在给已经因为照顾他们而筋疲力尽的父母故意捣乱，甚至还会斥责孩子，禁止宝贝的这中种反复出现的行为。其实，小小的扔东西的背后，是孩子成长之中的秘密。

（1）宝宝对世界的最初探索

儿童心理学家认为，"扔东西"其实是宝宝对世界的最初探索。孩子到一定年龄，就会对事物的因果联系开始感兴趣。

在不断地、反复地扔东西的实践中，宝宝意识到了自己和动作对象（东西）的区别，这是自我意识发展的第一步。

（2）吸引父母的注意力

孩子在幼年时，无时无刻不希望得到父母的关注。父母的眼光和微笑，是宝宝最踏实的依赖；父母的手臂是宝宝的安全堡垒。如果宝宝发现自己长时间没得到父母的理睬，也会将玩具丢向父母，这是宝宝想吸引父母关注，获得怀抱和安慰，或者吸引父母与自己玩耍所发出的信号。

（3）向父母求助

饥饿、渴，尿布或包布的不舒服，身体的不适等，都会使宝宝想要求助于父母。当然这时候宝宝往往在扔掉东西之后不会咯咯地笑，反而可能会有焦急、生气的表情，这些现象也有助于父母判断孩子的真实需要。

（4）显示自己的能力

宝宝小的时候手部力量很小，动作也不灵活，不能够拿住或搬运东西，但随着孩子的成长，他的小手不仅可以拿住东西，还可以把东西丢出去！宝宝扔东西其实是在向父母展示他的能力。

因此，扔东西的宝宝不可怕，也不是脾气坏，到了这个时期，爸爸妈妈不仅要保持耐心，还应为宝宝创造扔东西的环境，同时鼓励宝宝在扔掉东西后，再把东西捡起来，养成不乱丢东西的好习惯。

另外，父母要帮助宝宝挑选一些不容易摔坏的玩具或者物品供宝宝玩耍，而那些贵重的、易碎的物品就应收拾好，远离宝宝的视线。不应对贵重物品不加防备，而在孩子摔坏了物品后斥责孩子，打击了孩子探索世界的兴趣——在孩子眼里是没有贵贱的分别的。

不过，需要注意的是，"扔东西"这个习惯对于1岁左右的宝宝是正常且必经的阶段；但如果孩子到了2岁左右，仍然随意扔东西或食物，那就应该留意是否是宝宝的情绪出现了变化，并要着手矫正宝宝的坏毛病了。

2. 孩子为什么这么淘气

做父母的可能都有这样的经历，孩子到了一定年龄就开始变得很淘气，比如，喜欢捉弄同学、伙伴，总是将屋子弄得很脏、很乱，喜欢拆玩具、拆电器……总之，这些淘气的事情，没有孩子做不到的，只有父母想不到的。

面对这种情况，有些父母就暴跳如雷，厉声责骂孩子，如此的"严加看管"可能是会让孩子变得乖了，但同时你也可能扼杀了孩子一颗好奇、探索的心，更严重的可能激起孩子的逆反心理，有害亲子感情。

正确的做法是，父母应先细心观察孩子的行为，看孩子是出于什么原因如此淘气，然后再采取适当的措施来改变这一现状。那么，到底哪些原因会让孩子显得格外淘气呢？

(1) 好奇心的"淘气"

活泼、好动、好奇是幼儿的典型特征。孩子对外部世界充满无限的好奇，他们希望通过尝试、触摸等方式去了解这个神奇的世界。如果父母采取限制的措施，只能加重他们对事物的好奇心，有些父母就会觉得孩子开始不听话了、学坏了，但事实上这只是孩子正常的好奇心增长的表现。

解决方法：

顺应孩子的需要，满足孩子的好奇心。当孩子探索未知的好奇得到满足后，他们的淘气自然会消失。比如，当孩子淘气地拆坏家里的电器时，父母一定不要责骂孩子，而应因势利导，或者采买一些二手电器给孩子拆装摸索，或者与孩子一起上网查找家中现有电器的相关物理知识，与孩子一同学习，一起成长，以种种积极的方式来鼓励和响应孩子的探索欲望。这样既满足了孩子的好奇心和求知心理，又保护了孩子的自尊心、自信心，同时增进了亲子感情，还有利于孩子智商、情商，以及动手能力的发展，可谓一举几得。

(2) 吸引注意的"淘气"

每个孩子都希望获得父母更多的关爱与呵护，尤其是那些表现欲强的孩子更是如此。当父母长时间忙于工作或其他事物而忽视孩子时，孩子就会采取恶作剧、打闹、损坏东西等手段来吸引父母的注意力，让大人将关注的重点重新回归到自己身上。

解决方法：

在孩子淘气时，父母应考虑是否由于自己过于忙碌而忽视了孩子的情感需要。如果答案是肯定的，父母就应马上放下手头的事情，将时间留给孩子，与孩子一起交谈、玩耍，满足孩子的情感需要。如果父母暂时无法放下工作陪伴孩子，就应及时与孩子沟通，让其明白父母也应对承诺的工作负责，以获得孩子的理解和支持。当然，最为重要的是，尽早与孩子建立结实的"爱"的纽带，让孩子深深相信，无论何时何地，无论发生什么事情，父母对孩子的爱是永远不变的。拥有爱的安全感的孩子，大多更会体谅他人、宽容别人，淘气的几率也会减少很多。

（3）精力过剩的"淘气"

在外忙碌一天的父母回到家中，看到孩子蹦蹦跳跳似有无限精力，有时候会羡慕孩子；有时候孩子由无限精力带来的淘气后果，又让疲惫的父母会觉得不胜其扰。其实，这是不断成长的孩子身上产生了更多的精力无法释放的信号。父母这时候应该意识到，要为孩子拓展更开阔的空间，提供更多参与事物和学习锻炼的机会了。

解决方法：

当发现孩子的精力过剩，现有的条件已不能满足孩子的发展时，父母就要考虑拓展孩子的教育环境，给孩子更多的学习和锻炼机会。如，当孩子淘气地在墙上涂画时，可以因势利导，给孩子报一个绘画班，满足孩子涂画喜好的同时，得到专业的指导和学习，这样，孩子就不会在自家的墙上乱涂乱画了。如果条件不允许，也可以鼓励孩子选择一些他们喜欢的，又适合小孩子的活动去释放他们过多的精力，比如与邻居的小伙伴一起在小区打羽毛球、学游泳、学下棋、玩耍等，这样孩子有地方可"淘"，父母也就不再烦心了。

（4）发泄不满的"淘气"

对孩子管教过严，总是干涉孩子的活动，常以别的孩子的优点对比自己孩子的缺点，常以负面的批评评价孩子等等的行为，都会令孩子心生不满。还有过多的唠叨、太单调枯燥缺乏新内容的家庭生活，也会让孩子对父母的行为产生抗拒和厌烦，孩子就会用淘气来发泄心中的不满。

解决方法：

　　故意的淘气是很容易鉴别出来的，父母如果发现自己的孩子在故意淘气、故意与你作对，可以采取"冷处理"的方法，不上孩子的当，孩子觉得无趣后自然会放弃这种行为。但同时，父母应反思自己的教育方式和家庭生活中可能出现的问题，及时改变和纠正，并让孩子体会到改变，相信孩子故意淘气的挑战心理慢慢就会消除。例如，家庭生活每天按部就班、死气沉沉，就应增加一些有趣的生活内容，像全家人一起外出度假、游览名胜、去游乐园玩耍、与有小朋友的家庭一起互访或聚餐等，都会让孩子获得新鲜有趣的体验。

　　可见，同一种行为其实有着不同的原因，父母应该弄清楚孩子淘气的具体原因后，再采取对症的解决办法。但总的来说，对于孩子的淘气，不能采取压制、责骂、禁止等方式来约束，这种做法通常只会伤害到孩子的身心，不利于孩子的成长。

　　另外需要注意的是，有的孩子淘气可能是出于某些先天性的障碍，当各种措施都改善不了孩子淘气的状况时，父母就应求助专家，从根源上治疗孩子的淘气。

3. 孩子为什么爱告状

　　很多孩子喜欢找父母、老师告状，而且都是一些鸡毛蒜皮的小事，什么"老师，他又拿了我的尺子"、"阿姨，燕燕不睡觉"、"爸爸，小奇又打我了"……

通常这种行为在幼儿时期比较明显，且常常使父母、老师和同伴都感到厌烦，总认为他们是"没事找事"。

但是据心理学家研究发现，对幼儿来说，告状行为其实是孩子心理发育和人际发展的一个阶段性的正常现象，是一种依赖心理的表现，表明了处于幼年的孩子不能独立处理问题的现实；另外，孩子"告状"是孩子与人沟通的一种方式，在告状过程中，孩子的人际交往、处理问题的能力和方式都会得到提高。随着孩子年龄的增长，这种现象就会慢慢减少。那么孩子告状是出于哪种原因，父母还是应该有所了解的。

（1）舒缓紧张情绪

当孩子安宁美好的童心世界，被与同伴的矛盾、误解和委屈打破时，孩子的情感急于从父母处得到安慰和保护，"告状"的时刻就到来了。通常来说，这时孩子并不需要父母做什么，他们只是为了宣泄自己的紧张情绪，减少内心忧虑、悲伤的感觉，获得安慰，说完孩子就没事了。

解决方法：

当孩子向父母告状时，父母首先要做的是耐心倾听。等孩子释放了压抑的情绪，变得平和后，父母再设法弄清事情的前因后果，然后帮助孩子分析双方的是非对错。无论是自己的孩子错还是对方的错，这时候都应当平心静气地分析讨论，不做无谓的情绪发泄，既不一味地包庇孩子，也不一味地训斥孩子，而是帮助孩子理清思绪，找到解决矛盾的办法，从而让孩子获得成长的经验和教训。

（2）争取夸奖

孩子的心是简单直接的，当他看到别人的缺点时，尚且没有学会反观自照，看到自身的毛病和缺点，所以，孩子总是先看到别人的缺点，对自己的缺点却不容易发现。不过值得肯定的是，孩子告状也表明他已经具备了一些辨别是非的能力。而向父母或老师告状、表明他人不好，其实是想获得大人对自己的表扬和关注。

解决方法：

首先对孩子能辨别是非对错提出赞赏，然后特别对于孩子良好的一面（即孩子指出的、自己没有而是别人的缺点的情况）给予同意的肯定，满足孩子被重感的需要——这种强化孩子优点的做法，更有利于孩子在成长过程中保持住已有的某些优秀品质。其次，假设这些问题出在孩子自己的身上，问孩子应该怎么对待。孩子也会在得到赞许后，大方地给予正确的解决方法。这其实也是帮助孩子从他人的失误中吸取教训，获得经验。最后，父母在良好的沟通氛围中，也可以举一反三，联系孩子可能存在的其他需要改正的缺点和不足，进行启发式的分析和沟通，这是帮助孩子寻找、改正自身缺点的巧妙契机。

（3）寻求答案

当孩子遇到一些无法解决或无法判断对错的事情时，孩子也会采取"先假设这是错误"的想法，将情况"告状"给大人或老师，以寻求成人给出答案；或者当孩子拿不准别人的行为是否可以效仿时，他也会"告状"，以便从成人的判断中，获得自己行为的指导。例如，幼儿园的一个小朋友还没到早餐时间就拿着一个大苹果在吃，另一个小朋友也很想吃，又不确定这是否是允许的，于是告状给阿姨说："阿姨，张宁现在就吃苹果！"

解决方法：

对于这种情况，父母或老师应该给孩子一个明确的答案，告诉他们哪些事情是可以做的，哪些事情是不能做的，遇到这种事情后又该怎么去做等等。

（4）嫉妒和报复

有极少数的孩子嫉妒心很强，当他们发现别人比自己优秀，就会想借大人来压制对方。另外，也有的孩子比较"记仇"，当他们认为自己受到欺负后，就想通过告状的方式达到报复对方的目的。

解决方法：

对于这样的告状，父母或老师首先要弄清楚事情的来龙去脉，如果是孩子的过错，一定不能包庇，且要进行严肃的批评，让孩子学会放宽心胸容纳他人，学会欣赏他人的优点。要让孩子明白，一个优秀的人，一定具有为他人的进步和优秀而真诚喝彩的胸怀。

总的来说，对于孩子的告状行为，父母和老师都要冷静观察，不可因为常将别人的缺点报告给自己，就认为这个孩子是"乖孩子"，一味袒护；同时也不能因为孩子喜欢告状而视孩子为包袱，草草打发了事，不询问和了解孩子的真实需要。这种对孩子不尊重的表现不仅让孩子觉得更委屈或更愤怒，还会对孩子的心理发展产生不利的影响。

其实，在孩子告状时给予及时的指导，帮助孩子分析问题，启发孩子自己解决问题是解决孩子逢事告状、一味依赖大人的绝佳时机。

4. 有的孩子为什么喜欢虐待小动物

大多数的孩子都很喜欢小动物，愿意跟小动物玩耍、嬉戏。但是也有一部分小孩子很讨厌小动物，他们看到小猫小狗，总喜欢打它们，折磨它们，看到小动物挣扎嘶叫，他们就觉得很快乐。

为什么有的孩子会喜欢虐待小动物，难道这样真的很快乐吗？儿童心理学专家认为，虐待动物其实是孩子心理障碍的行为表现。因此，父母要深入了解孩子这些行为背后的心理，给孩子进行精神疏导，并及时制止这种不良行为。孩子虐待小动物的内在诱因有以下几类。

（1）精神紧张、压力过大

孩子虐待小动物在很大程度上是为了缓解内

心的紧张、发泄内心的焦虑。比如，家庭搬迁后孩子需要适应新的环境、面对新的老师和同学，学习不好被父母和老师责骂等因素都可能造成孩子心理产生负面的情绪又无法排解，累积过多就可能会通过虐待小动物等方式爆发出来。一般这种因精神紧张引起的虐待小动物现象，常为偶发性行为，在孩子度过心理危机期后，大多数孩子会转而恢复对小动物爱护的天性。

解决方法：

如果发现孩子是因为精神紧张和压力过大而引起的不良行为，父母首先要与孩子进行良好的沟通，然后根据具体情况采取相对应的措施去减轻、舒缓孩子的心理压力，对孩子多些关心和爱护，引导孩子通过其他的方式去释放这些压力，这样才能从根本上解决问题。同时，对一切生命的爱的教育是不可缺少的。

（2）缺乏自信、寻找替代

有一小部分孩子由于缺乏自信，感到自卑就会通过虐待小动物这种方式来显示自己的能力，获得某种心理补偿。许多父母离异的孩子、父母外出打工的留守儿童会成为这类经常虐待动物的儿童。其中有些孩子，对待小动物的心理充满矛盾，常常在欺负、踢打完小动物后，又觉得小动物格外可怜，再给予小动物一点关怀，过不了多久，却又再次欺负虐待小动物，态度反复无常。

解决方法：

对于这样虐待动物成"癖"的孩子，父母一经发现，就必须及时制止，并佐以一定的惩罚手段，以矫正孩子的不良行为和不良心理。同时要及时与孩子进行沟通，必要时，要为孩子创造更适合其健康成长的环境，改变和纠正以往不利于孩子成长的氛围。如长期离家打工的父母，应设法与孩子团聚在一起生活，给予孩子应得的家庭温暖，从而帮助孩子建立积极的行为习惯、恢复自信。同时，教育孩子以爱的眼光和态度对待所有的生物，一视同仁。同时，父母身体力行，以实际行动带领孩子一起照顾、喂养小动物，让孩子体会以"爱"（而不是"恨"）来呵护小动物所收获的快乐，从保护更弱小族群的行动中，建立孩子的自信和自豪。"从哪儿摔倒，就从哪儿爬起来"，如此才是纠正孩子不良行为的良方。

（3）缺乏爱心、发泄精力

也有极少一部分孩子因为缺乏爱心，不能体会其他人或动物的感受，觉得虐待小动物并不是什么大不了的事情。也有一部分孩子由于精力特别充沛，剩余精力没有找到正确的释放渠道，就可能把小动物作为剩余精力的发泄对象。这两类孩子通常还会慢慢喜欢上虐待动物的感觉，发展成为一种癖好。

解决方法：

这样的孩子很可能发展成为反社会人格，父母必须及早认识到孩子的这一状况，并加强对孩子的爱心教育，以改变孩子的这一心理。比如，可以通过童话、寓言、小故事等文学作品、影视作品里生动有趣的形象去教育孩子，让孩子认识到小动物的善良、可爱与可怜，激发孩子对小动物的同情心和爱护欲望。

总之，对于喜欢虐待小动物的孩子，爱的教育极为重要，不可缺少。

5. 孩子为什么会有嫉妒心

经常可见这样的情形，当父母或老师表扬一个小孩子时，一些孩子就会大声喊到"我也会啊"，还有一些小孩子在一边就会酸酸地说"谁不会哦"，这都是孩子嫉妒心理的一种体现。

嫉妒心理对孩子来说是很正常的，据专家研究发现，3个月大的婴儿就已经对周围的人产生意识，他们会因为母亲注意力转移而蹬被子或发出叫声，表现自己的"吃醋"心理。随着孩子的长大，嫉妒心理也会表现得更加明显，同时孩子对于嫉妒的自我调控也会开始出现，只是孩子的心理没有成人"成熟"，因而孩子的"嫉妒"在表现上仍然是直接的、伤人的。

虽然嫉妒是孩子心理正常的现象，但是父母也需要了解孩子嫉妒心理产生的原因，并进行引导，加强孩子对嫉妒心理的自我调控能力，以免这种嫉妒心理发展成为孩子人格的一部分，对孩子心理发展造成负面影响，害人害己。

（1）父母的人格影响

如果在家里，父母之间互相猜疑，轻视对方，或当着孩子的面议论、贬低他人，就会在无形中养成孩子内心的消极情绪，让孩子产生嫉妒心理。

解决方法：

家庭环境对孩子心理发展和性格养成有着极其重要的影响，父母应当在家庭中为孩子建立起一种宽容友爱、互相尊重、积极向上的氛围，这是预防和纠正孩子嫉妒心理的重要基础。

（2）过多负面评价的教育方式

孩子对自己的评价，是以成人对他的评价为标准的。如果父母不能一分为二地评价自己的孩子，对优点忽视，对缺点随意品评，经常用自己孩子的缺点与别人孩子的优点对比，或过分贬低自己孩子的能力等等做法，都可能让孩子产生自卑心理，认为自己根本不会有任何出息，从而在面对优秀的同龄人时只剩下了嫉妒的武器。

解决方法：

父母一定要公正客观地评价孩子，适度放大优点，指出孩子的不足和缺点的改进办法和方向。只指责不给方法，对于孩子的进步毫无用处。赞扬孩子一定要用温暖、真诚的语言，怀着愉悦和欣赏。常能得到表扬的孩子，定会摆脱自卑，变得大方自信，当别的孩子得到赞扬时，也会平和地接受，甚至主动学习他人的长处，让其成为自己的优点。

（3）忽略人的正常差异

每个孩子都有自己的长处和短处，如果以短处比较别人的长处，就可能由羡慕而生嫉妒。

解决方法：

父母要告诉孩子：人是存在差异的，每个人都有较弱的一面，不可能事事都比别人强。承认差距，是人生许多重要课程之一，但这并不意味着作为孩子应该放弃进步和争取优秀。要让孩子明白，人在追求自身完美与品格的进步之中，才能赢来更丰富精彩的人生。

（4）缺乏正确的竞争意识和宽容品质

嫉妒心强的孩子一般都是争强好胜的。他们在竞争中，更容易产生嫉妒心理。

解决方法：

父母要告诉孩子：竞争是为了找出差距，更快地进步和取长补短，从而把孩子的好胜心引向积极的方向；同时，对手不是仇人，恰恰是前行的路标和方向，应该感谢生命之中每一个可以参照的目标，给自己更多向前的动力，而嫉妒只表明了小气，并不是要强的表现。一个人能够欣赏别人的成功、分享他人的快乐，才具君子雅量之风。

此外，对于善妒的孩子，父母还需加强谦逊美德的教育，告诉孩子"谦虚使人进步，骄傲使人落后"，让他明白只有继续保持自己的长处，又能虚心学习他人的长处，自己才能得到全面的发展，人生的天空才会更为广阔。

6. 听话的孩子才是"好"孩子吗?

心理学家表示，其实孩子刚开始并不懂得"听话"。孩子天性好奇，不听从父母的指令，不按父母的要求去做，喜欢自己去尝试，是孩子身心正常发展的特征。

而孩子不反抗，反而不正常了。

不可否认，大人都喜欢"听话"的孩子——这样的孩子会按照父母的意愿办事，几乎不顶撞父母、乖巧少言、从不惹是生非，也不会老有一些莫名其妙的问题让人烦心。

"我是听话的好孩子"

但是，听话的孩子真的就是好孩子吗？他们未来的路会一直风平浪静、一帆风顺吗？

答案是，要区分清楚孩子"听话"的实质，即，这是真正心悦诚服地接受和共鸣，还是压抑了自我的顺从和牺牲。区分这一点极为重要。

如果一个家庭有一贯民主、宽松、亲情浓厚的氛围，当孩子在外面遇到问题时，也习惯于与父母沟通，获得支持和建议，并认可父母、相信父母的判断和答案，那么，可知这类"听话"的孩子，是在良好的教育氛围下，已经与父母建立了大致相同的价值观、人生观和自我道德约束力。这类"听话"的孩子，其听话背后，是获得了来自于家庭的正面助力，这样的孩子会充满自信、乐观，其成长也会相对顺遂、健康许多。

而另一种孩子，每当孩子淘气、与大人辩驳，或尝试新事物时，父母都会教育"乖，好孩子要听话"，孩子的听话总能换来家长的夸奖和鼓励；而不听话，则会被惩罚甚至打骂。亲子间缺乏良好的沟通——为什么应该听话？这听话是按事物的正确与否而定，还是按父母的意志决定？这样既没能给孩子建立正确的是非观念，又缺乏必要的沟通，而只是厉行家长制的规矩，久而久之，孩子就会压抑自己的一些心理，放弃对事物是非的探索和思考，表面上看，孩子真的变得乖巧听话了。

这样管教出来的孩子，通常缺乏主见、遇事犹豫、独立性差且胆小怕事。而最大的问题是，这样的孩子在内心无法长大，他们习惯于接受"自己是孩子"的角色限制，不敢也不能以一个"成人"的身份要求自己。他们成熟的过程要比自信的孩子严重滞后。而在长大后，两极性格会使他们难以适应社会角色，以及与他人的相处。童年时被父母打压的幼小自我要求他们遇到问题时充满迷茫、不愿承担责任、不愿深度思考，甚至不知道自己的喜恶、找不到人生的方向；另一个在压抑中要求长大、要求成年人权利的自我，又会在与人相处时，过分伸张自我的个性，追求话语权、决定权和领导地位等成熟的标志物，于是难免遭遇人际关系的打击和挫折。在这样矛盾的境遇下，正要膨胀的自我又会颓然倒下，转向完全放任自流、不求上进，衍生出怀才不遇等种种灰色的人生观。同时，这类孩子在成年后，在与成年人的相处中，常常习惯性地违心地压抑自己内心真实的想法和判断，以迎合其他成年人或年长者的需要，而内心却无法化解这种被迫认可的扭曲感和压抑感，致使自己的个性在自卑中充满无法适应环境的挫折感和伤痕，难以痊愈。这类孩子在尚未进入社会之前的大学时代，甚至于在有条件脱离家长有效监督的高中时代，就会一下子变成喜欢逃课、玩游戏和逛街，充满叛逆的所谓"坏"孩子。

因此，在孩子小的时候父母不妨让孩子"坏"一点，这样更有利于孩子好奇心、独立性等积极心理的发展。

对于第二种"听话"的"乖"孩子，则可以从以下几方面着手改善。

（1）如果是压抑下的"听话"，父母要立即改变强势的教育方式

发现孩子有话不敢讲，有想法不敢付诸行动，总是要看大人的脸色行事，那就是"压抑"出的"听话"了。

解决方法：

父母应认真反思自己的行为，立即改变一贯强势的教育方式，凡事不要急于下判断和批评，给孩子自由表达意见的机会和空间，多给鼓励和建议，少给打击和批评，设法让家庭气氛变得轻松、幽默、民主起来。改变家庭一贯"一言堂"、"父母当判官孩子是被告"的局面，凡事大家一起讨论解决，孩子才会放弃压抑的自我，遇到问题不再逃避而是愿意拿出来与父母讨论。

另外不仅是孩子，父母也可能有需要解决的问题，也可以以家庭会议的形式，与家人一起集思广益，寻找解决的办法。这也是强势父母摆脱强势阴影的有效方式之一。这样的行为可以让孩子体会到：每个人都会遇到问题，大人也有需要思考和解决的东西，而不是家庭里只有孩子需要面对困难。每个人都应该学习判断和思考，明白是非对错的选择。任何不同的想法都是可以在平和的沟通中，在学习到足够的道理和方法后，获得解决的。如果孩子缺乏必要的知识，父母的经验是可以提供为参考的。让"听话"改变为"以理服人"，而不是"以制压人"。对孩子的教育，也会在平等、温暖、亲情有爱等不压抑的前提下，来得比较顺利、轻松和愉悦。

（2）如果造成孩子缺乏安全感，就要立即重建爱的关系

孩子小的时候，父母如果常用"你再不听话，我就不要你了"这样的话语威胁孩子，孩子因为害怕失去父母，或父母不再爱自己，只好委屈、压抑自我，听家长的话。

解决方法：

告诉孩子，你们是爱他的，让孩子明白父母对孩子的爱，永远都在。平时在生活中，多给孩子温暖的怀抱、亲切的关怀和温暖支持的话语，让孩子体会来自家庭的温馨、永久的爱，从而打开孩子因缺乏安全感而纠结的心结，与父母重建温馨踏实的爱的关系。有安全感的孩子会更自信、开朗，沟通和教育也会顺利许多。

（3）如果孩子是为了表扬而听话，就要建立公正的表扬原则

有些父母习惯在孩子听话、不给父母找麻烦的时候给予孩子表扬和奖励，这样孩子慢慢就会失去自己的思维，习惯按照父母的意愿行事，确保能够得到夸奖。

解决方法：

父母要改变孩子只要听话就给予表扬的行为，注意在所有问题中保持公正的判断，在孩子提出正确的异议时，不要因为孩子的行为似乎挑战了父母的权威性而不快，甚至因此不分青红皂白地责骂孩子，这会让孩子失去判断和思考的动力，阻碍人格的全面发展。这时一定要放平心态，与孩子一起分析讨论，如果孩子是正确的，就要无条件放弃旧有的判断，支持孩子、鼓励孩子，因为孩子的独立思考而表扬孩子。这样才是培养孩子的正确之道。

另外，对于别人给予孩子的奖励也要认真分析，看看孩子是因为"听话"受到了奖励，还是因为思维活跃、敢说敢想受到奖励。如果孩子总是因为"听话"受到奖励，父母就要注意对孩子进行调整教育了。

7. 过分依恋父母，是好事还是坏事

3岁以前的幼儿，会对某人或某些物品产生一定程度的依恋。孩子的依恋对象可以是具体的人，如父母、保姆、爷爷奶奶或其他抚养者，还可以是某种物品，如一条小手绢、一个洋娃娃甚至一个弹珠。

从儿童心理发展过程来看，由于孩子从小生活在父母的照顾之下，对父母产生依恋是正常而且是必需的过程。适度的依恋可以让孩子建立起对他人的信任，对自我的认知，以及自我安全感。

但是如果孩子到了3岁以后，仍然无法暂时离开父母而与陌生人相处，反应强烈地拒绝所有人的亲近和接触，或者总是与某件东西形影不离，一旦离开就反应强烈，或者哭泣，或者委屈地躲在角落，不与任何人交流，近乎自闭或整天抱着洋娃娃，或必须吃着奶嘴等等行为，这就需要引起大人的注意，因为这都属于"过度依恋"的不正常现象。

一个过分依恋母亲的男孩子，通常会过多地表露出羞涩、阴柔、娇弱等女性性格特征，而勇敢、坚毅的男性性格却没有得到成长；过分恋父的女孩子，则会过多地表现出男性化行为，缺乏女孩子应有的文雅、温柔和细腻；过度依恋某些物品，则可能形成恋物癖，养成敏感、孤单、脆弱、忧柔寡断的性格，且通常不善交际。

可见，过度依恋不利于孩子性格的养成和社交能力的拓展。因此，对于这种过度依恋的孩子，父母首先要了解清楚是什么原因引起孩子的过度依恋，并进行及时的引导，以免这种情绪的泛滥。

（1）父母的过度爱护

父母怕孩子受到外界的伤害，事事代劳，对孩子过度保护，不给孩子一点独立的空间，以及可能在挫折中学习的机会；有些父母的教育观点不一致，一方教育，一方袒护，当着孩子的面经常争吵，都极易让孩子对父母的一方形成依赖心理。

解决方法：

放手，多给孩子一点独立的空间，让他们拥有自己的隐私；鼓励他们独立处理一些事物，并在事后给予积极的评价。另外，父母对孩子的教育方式应保持一致，有分歧也要另找时机沟通，不可在孩子面前争吵，保持观点的一致，会让孩子明白犯了错误是无人袒护的，从而消除孩子的依赖心理。

（2）父母的过度忽视

有些家庭的父母脾气暴烈、互不相让，经常争吵；有些家庭的父母感情不和，长期冷战；有些家庭的父母忙于自己的事，疏于对孩子的照看和感情交流……种种冷漠、不安、暴力的家庭氛围都会导致孩子的不安全感，他们害怕失去父母，因而会表现出特别"缠人"，或者孩子将感情投射在某件物品上，特别依恋它，须臾不能离开，否则就崩溃、哭泣等。

解决方法：

父母是孩子的榜样，如果从童年时期，就给孩子一个破碎的世界，那孩子多半在成年之后，也会还给父母一个破碎的事业、一个破碎的生活，以及一颗破碎的不会爱的心。因此，为人父母要以家庭的温暖和谐为第一要务，父母要尽量避免在孩子面前争吵，营造温馨、安全的家庭氛围，让孩子从家庭汲取充足的自信的阳光和独立的勇气；另外，在满足孩子的衣食住行的需要之外，父母更应重视孩子不断成长的心智的发展，常与孩子交流，及时给予孩子成长路上的支撑和依靠，减少孩子盲目的依赖，只有在必要的时候才给孩子理性的建议与支持。

（3）用物品代替父母的爱

孩子小的时候，当肚子饿、想游戏、想睡觉等表现出不好的情绪时，父母通常会用奶嘴、娃娃、玩具等东西来安抚孩子的情绪，时间一长，孩子就会慢慢形成对这些物品的依恋。

解决方法：

不要过度或不当使用某些物品来安抚孩子的情绪。在孩子对物品形成依恋的初期，可以通过转移注意，换一个新玩具的办法来减轻孩子对旧有物品的依赖。

但更重要的是，增加对孩子感情的投入，这才是孩子精神最好的安慰剂。

不可否认的是，有些孩子天生性格比较害羞、胆小，缺乏自信心和独立性，这样的孩子通常对父母有依恋心理。对于这种情况，父母要注意增加对孩子独立性的培养，多鼓励孩子自己拿主意，鼓励他们去做力所能及的事情，这样孩子的依恋心理就会慢慢处于正常范围内了。

8. 孩子为什么爱说谎

诚实是人可贵的品质之一，但是几乎每个人都说过或大或小的谎言，即使是天真的小孩子。儿童心理学研究发现，几乎所有的孩子都会说谎。不过，孩子说谎与大人不同，他们的说谎大多与诚实无关。也就是说，在孩子说谎时，未必明白自己说出的是谎话，他们常常是无意识的。

因此，在孩子说谎时，父母要先了解孩子为什么说谎，要具体分析孩子说谎的心态和动机后，再根据具体情况分别对待，而不是不管三七二十一先教训孩子。

（1）不明白现实与想象的区别

当孩子渴望拥有一样玩具或礼物而没有得到时，孩子往往会通过想象，让自己拥有了喜爱的玩具。就如同孩子经常一个人嘟嘟囔囔地玩耍，而周围并没有其他人——孩子只是想象了一个不存在的玩伴陪他玩耍而已——这可能是大人无法理解的行为，但却是经常出现的。孩子将想象出来的一些事情当成现实，结果一说出来就成了谎话。

比如，一个孩子很喜欢灰太狼，但是父母并没有买给他，但是幻想之下，孩子就认为他已经拥有，然后对别人说："我妈妈也给我买了一个灰太狼哦！"

解决方法：

这类没有分清愿望与现实的"谎话"，父母可以不用担心，更无需责骂和制止孩子。随着孩子年龄的增长，对事物辨别能力的增强，就会停止说这类无伤大雅的"谎话"了。

（2）为了让大人满足自己的愿望

孩子慢慢长大，开始有了自己的主意，但因为年龄小，常常只能服从大人的安排，吃什么穿什么，什么时间玩耍，什么时候睡觉，很少有自己拿主意的时候。但孩子也会狡黠地调动大人的注意力，满足自己的小小欲望。比如，不想睡觉，想多玩一会儿，明明眼睛都快闭上了，还撒谎说自己不困；比如为了不上幼儿园，就撒谎说阿姨不给他饭吃；还有想吃冰淇淋而妈妈不给吃，就跑去告诉妈妈，冰箱里的冰淇淋都已经放坏了之类。

解决方法：

对于这种情况，父母可以适当地满足孩子的愿望，以减少他们撒谎的行为。不过，在满足孩子要求之前，要让他们明白：用撒谎来达到目的是错误的，不但根本达不到目的，甚至还会受到惩罚；诚实地说出自己的想法才是正确的，不撒谎的孩子才是好孩子，以免孩子养成撒谎的习惯。

（3）逃避惩罚

孩子到4岁后就已经能辨别清楚想象和真实，但他们仍然会用说谎来逃避一些责骂和惩罚。比如孩子不想上学，就会对妈妈说"今天肚子痛"，以免爸爸妈妈责骂。

解决方法：

4岁以后是形成诚实品格的关键时期之一，这时候针对孩子的撒谎行为，父母必须耐心说服并以言传身教的方式，告诉孩子说谎后果的严重性、危害性，以及一个人诚实品格的重要性，让孩子认识到说谎的巨大害处。还可以向孩子多讲一些有关诚实品格的小故事给他听，以榜样的力量引导孩子养成诚实的习惯。

（4）释放压抑的情绪

10岁以后的孩子已经明白说谎是错误的，但是他们发现有时说谎话反而能解决一些问题，比如吹牛自己的成绩和排名，可以换来家人的高兴，或是受到欺负但又不想让父母知道时，就会通过说谎来避过父母的询问。

解决方法：

帮助孩子学会正面地释放压抑，是父母应该意识到的，因为孩子通常不大会像大人那样把心里的压抑说出来。要让孩子明白，每个人都有面临不快和压力的时刻，这是正常的；同时，把压抑说出来，寻求帮助也是非常正确的——"三个臭皮匠，顶一个诸葛亮"，大家的思维方式不同，就会给自己提供更多分析问题、解决问题的角度和方式，没有人会因此责怪孩子，反而会因为你积极地解决问题，而获得大家的赞赏。而靠撒谎来自我麻醉和逃避，是骗人骗己的弱者的行为，不但与事无补，还会错过早早解决问题、让自己快乐起来的机会。

总的来说，孩子说谎离不开上述几个原因，但也有些孩子会没有任何缘由地撒谎，这多半是受父母的影响。我们知道，孩子的模仿能力很强，他们会有样学样，如果父母有一方习惯撒谎，孩子也大多会养成这个习惯。因此，为人父母，必须以身作则，做诚实的事，不要随意拿谎言当玩笑，或为哄孩子就乱许诺而又不兑现。

二、及时治疗严重性儿童心理问题
Heal Children's Serious Psychology Problems in Time

一个善于观察儿童行为、了解儿童心理的父母，对于孩子的问题行为总会特别敏感。看到孩子喜欢一个人玩儿，就会有意识地与孩子多交流，提高孩子的社交能力；看到孩子不停地洗手，就要转移孩子的注意力，以免孩子向强迫症发展。

这就是最好的父母，在抚育孩子的过程中，无形地消灭了孩子成长中的心理障碍，保证孩子身心健康成长。

1. "星星的孩子"——孩子患上自闭症怎么办

两岁的佳佳长得白净可爱，但在爸爸妈妈的眼里，她实在是个有些"酷"的小宝贝。她总是一个人玩耍，不理会小伙伴。爸爸自豪地说，我们佳佳长大准是个骄傲的公主！可妈妈慢慢发现了问题：这孩子甚至对父母的话都充耳不闻，但对一些

"我只喜欢一个人玩"

特别的物件或活动，却表现出超乎寻常的兴趣，例如转圈、来回奔走、排列积木，喜欢和依恋一些圆形的物体如车轮、风扇等，对动画片不感兴趣，却喜欢看广告或天气预报。而且随着佳佳越长越大，父母发现她从不主动要求爸爸妈妈抱她，说话时也不看人；爸爸妈妈逗她玩时，很少有高兴的反应；家里来了客人，无论是大人还是小朋友，从不理睬，只顾玩自己的；到了3岁的佳佳居然还分不清你我他的区别，说话也说不清楚。佳佳的爸妈意识到问题的严重性，请教了专家，专家说，佳佳很可能患有孤独症。

儿童自闭症又称孤独症。该病的发病率为1/150，估计全球有3500万患者，我国有患者700万人以上，男孩发病的比率高于女孩。"自闭儿"在美国被称为"雨人"；现在又有了"星星的孩子"的代称，意指自闭儿童就像星星的孩子，被封锁在另一个星球上，不为世人所解。自闭症的主要症状有交流障碍、语言障碍和行为刻板。

其实，有的孩子在出生的时候就已经有了孤独症，但是由于初期症状不明显，所以大多父母是在孩子两岁左右才发现孩子患有孤独症。若父母发现孩子可能患有孤独症，一定要抓紧时间进行咨询和治疗。大脑发育的最关键年龄是0~7岁，2~7岁是孤独症患儿训练的最关键时期，越早治疗，对孩子越有益。

（1）儿童孤独症的11个特征

美国儿科学会公布了11种最新的儿童孤独症特征，其中语言能力滞后、缺乏人际交流的能力是最直接的外在表现。

如果婴幼儿在成长过程中表现出以下特征，那么极有可能患上了孤独症。

①当婴儿盯着父母或者照顾他的人时，却没有高兴的反应。

②5个月左右的孩子，不发出交流的咿呀声。

③不能辨认出父母的声音，当爸爸妈妈叫其名字时没有反应。

④不和别人进行眼神交流。

⑤9个月后才发出咿呀声。

⑥说话时很少配合手势，如挥动小手。

⑦拿着某样东西，反复重复一个动作。

⑧一周岁时仍不会发出咿呀声，而且也不做任何交流性手势。

⑨16个月大时还不能说出一个字。

⑩两周岁时不能说两个字的词语。

⑪即使会说话了，但却缺乏语言技巧。

然而，明白了自闭症儿童的特征，并不意味着现在的父母能够理解"星星的孩子"的真实想法和处境，他们常以想象中正确的方式对待孩子，希望看到孩子的进步和改善，这无疑是错误的。例如，企图通过暴力和惩罚，强迫孩子开口说话；或者整天在孩子耳边不停地重复一句话、一个词儿，希望引起孩子的注意和学习。

上述两种办法对于自闭症患儿来说不仅是无用功，甚至还会适得其反。自闭症孩子不愿搭理人，不是他们故意和父母对着干，而是因为他们根本不理解这个世界。如果他们能弄懂父母为什么打骂和惩罚，那这个孩子就不会是自闭症患者了。

那么，针对自闭症孩子的训练方法，也应根据专家的指导，做特别的安排和技巧性的设置，才有利于这些特殊孩子的康复与改善。

（2）互动游戏，让孩子走出孤独的城堡

①学说话的游戏

怎样让患自闭症的孩子开口说话？孩子的语言障碍可能由很多原因引起，有的是听力问题，有的是智力问题，有的是不会运用嘴部肌肉，只有先找出原因才可对症下药。另外，语言训练需要一个过程，不可能一蹴而就，难免有枯燥的内容伴随其中，而用游戏来进行训练，游戏的乐趣可以吸引孩子的注意，使孩子在愉悦的玩耍中提高语言表达和交流能力。

A. 先找出孩子的"兴趣点"

自闭症孩子对于不喜欢的玩具，会毫不留情地扔掉，而对于喜欢的东西则可能会把玩很久。父母应观察孩子可能喜爱的玩具类型，以此吸引孩子参与到与大人的互动游戏中。这类的游戏可以是很简单的形式，比如将一个圆形的球扔来扔去、踢来踢去，但孩子如果能够参与进来，就是一个很好的开始。

B. "苦头+甜头"的刺激

自闭症患儿不爱说话，而且大多数不喜欢别人靠近和抚摸自己。专家介绍说，要想让这样的孩子开口讲话，首先要让孩子注意到他自己的嘴巴。

那么，要怎么做呢？这就需要"苦头+甜头"刺激法的游戏了。这正是互动游戏的精髓。先找出孩子喜欢的东西，诱惑他加入游戏，然后在孩子喜欢的游戏中一点点加入他不喜欢的刺激，逐步扩大刺激的程度和频率，每当孩子快无法忍受时立即暂停，换上孩子喜欢的甜头，然后再开始下一轮游戏。

对自闭症患儿的训练是一个漫长的过程，家长要必须保证游戏的频率和时间，逐步让患儿的注意力越来越容易集中，最终改善患儿的交流能力和理解能力。

②借游戏进行眼神的交流

瑶瑶喜欢妈妈的手镯，常一个人拿在手里摆弄很久。妈妈有一天拿来更多各种彩色的、镶着小水晶的手镯，也放在地板上玩。瑶瑶看到，也来抓新的手镯。妈妈拿起一个漂亮的手镯递给瑶瑶，瑶瑶要接的时候，妈妈突然把手镯放在自己的眼睛上，像眼睛套了一个圈。这时候瑶瑶的眼睛与妈妈的眼睛有了目光的交流。就在瑶瑶满心期待拿到这个手镯的时候，妈妈又拿起另一个手镯，放在瑶瑶的眼睛上，现在妈妈和瑶瑶都有了带圈的眼睛，她们的目光又撞到了一起。在几次成功的对视之后，妈妈依次拿起几个漂亮的手镯套在鼻子前面时，瑶瑶的眼神再次尾随而至了。

③玩游戏的同步行动法

父母模仿孩子，玩起孩子喜欢玩的游戏，并不动声色地吸引孩子自愿参与进来。例如有的孩子喜欢一个人玩球，不理睬旁人，这时父母也拿一个球来玩，并且玩得比孩子还要好，有时可把球滚、扔到孩子身边，看他是否注意球，若注意，说明可以进行接触。逐渐地，可以和孩子一起玩一会儿球，然后再逐步增加一些肢体的接触和眼神的交流。这种以球为中介的方式易于被孩子接受，关键是要选择好恰当的时机。同时，不能片面强调让孩子服从自己，或一味顺从孩子。

④角色替代法

借助孩子喜欢的物品为中介，如玩具熊、洋娃娃等，用角色替代法来实现与孩子之间的对话、交流。如让孩子扮演小熊来进行交流、替小熊说话；或者让孩子拿小熊玩偶，父母对小熊发布指令，实际上是让孩子来执行和完成。这种方法是利用儿童只对物品感兴趣的特点，通过角色转换来让孩子对其他物或人都感兴趣，以便按指令行事。如果孩子只对玩偶感兴趣而不执行下一步的指令，父母要让玩偶立即消失，这样把握好出现与消失的分寸，才能发挥角色替代在帮助自闭儿童康复中的作用。

由于自闭症儿童个体差异很大，就感知而言，有的听觉灵敏，有的视觉敏锐，有的触觉敏感，有的嗅觉敏感……运动功能等也都千差万别，因此针对不同的孩子，父母也应因材施教。

（3）当心宝贝遭遇"假性自闭症"

家长有时候会碰到这样的情况，在家生龙活虎的孩子，一送到幼儿园没几天，就像变了一个人，整天闷闷不乐、无精打采，慢慢到了不爱说话、反应迟缓的地步。

据专家介绍，这种情况，可能是您的孩子遭遇了"假性自闭症"。近年来，因家庭教育缺失、大人过度保护、孩子生活环境闭塞等后天因素引起的假性自闭患儿正以惊人速度猛增。一些青少年心理脆弱，易受到打击，或缺乏沟通能力等，也表现出自闭行为。有关专家称，与七八年前相比，这类患儿的数量增长了近十倍，而且还在逐年攀升。

父母要让孩子从小多与外界接触，学会与人沟通和交往。要有意识地培养孩子的自立和抗打击能力。此外，一旦发现孩子性格内向、语言迟缓，不爱与外界交往，应及时治疗，大部分孩子可以通过游戏、音乐及参与社交活动等方式，得到改善，恢复正常。

2. "妈妈我怕！"——如何消除儿童恐惧症

小虎今年四岁了，可是每天晚上必须有爸爸妈妈陪着，他才能入睡，睡觉时灯还一定要亮着。如果是打雷下雨，小虎往往会吓得缩在一个地方惊声尖叫。

一天，小虎的哥哥跟他恶作剧，将一条玩具蛇放在他的被窝里。当小虎上床睡觉掀开被窝，看到一条蛇弯曲在他的床上，本来就胆小的小虎当即吓得惊魂失措、两眼发直。当小虎的妈妈闻声赶来抱起小虎时，发现他吓得全身发抖竟说不出话来，当晚睡觉时还连做噩梦，直叫"妈妈"。

每个父母都希望自己的孩子勇敢些，但总有些孩子天生胆子比较小，会怕黑、怕鬼等。看到这样的情形，有些父母就会说孩子是"胆小鬼"，责骂、嘲笑孩子，甚至惩罚孩子，殊不知这样做，会严重伤害孩子的自尊心。这样做不仅无法改变孩子胆小的状况，反而可能加重孩子的恐惧心理。

一位儿童心理学家说过："儿童产生惧怕心理的原因与成年人一样，关键的问题是成年人懂得如何去应付恐惧，而孩子们却还不知道。"其实，人天生都具有恐惧心理，恐惧心理也并不完

妈妈，我怕！

全是消极有害的，在危险场合下产生恐惧可促使我们迅速离开险境，使自己不受伤害。

在预防和矫正孩子恐惧心理时，可从以下几个方面着手。

（1）弄清孩子真正害怕的是什么

孩子不想面对令他害怕的事物时，会用一些方式去掩盖他们真正害怕的事情。比如，当父母外出时，孩子哭闹着阻止父母离开，实际上是因为他害怕一个人呆在家里。

因此，只要父母细心观察，找出孩子产生恐惧的原因，对症下药，就能很快消除孩子的恐惧。

（2）接受孩子的恐惧，而不是压迫掩盖

心理学家认为，只有当孩子感到你承认他们害怕的东西是客观存在的时候，他才会相信你对解除他的害怕所做出的解释。比如孩子害怕鞭炮，那你也应该给孩子讲如果不小心，放鞭炮就会伤到人，但离得远些就没事了。这样孩子才会接受你的解释，并消除惧怕心理。

再就是在帮助孩子消除、预防和矫正恐惧心理时，父母要采取温和的态度和方式，不要随意责罚，也不要过度溺爱，对孩子反复无常。孩子只有在体会到踏实的安全感的情况下，才能接受父母传达的信息，克服胆怯与恐惧。比如有的孩子害怕猫，父母就应该给予体谅与理解，同时可以给孩子讲一些有关猫的小故事，观赏小猫可爱的图片，讲解猫的习性，告诉他们猫一般不会伤害人，孩子了解了有关这类动物的知识后，就会消除一部分恐惧心理。然后再找机会尝试让孩子与猫相处，就能彻底克服对猫的恐惧了。

（3）给孩子树立好的榜样

孩子喜爱模仿父母的言行，父母的榜样作用对孩子影响极大。因此，父母可以以自己勇敢、独立的形象来影响孩子。

但是，如果父母对某些东西也感到害怕，就应坦诚地告诉孩子你也曾经害怕过，和孩子一起去面对恐惧，把自己曾经的经历和孩子一起分享，帮助孩子去征服恐惧，克服恐惧心理。

（4）培养孩子的独立性和自信心

父母要相信自己的孩子，在确保孩子安全的情况下，鼓励孩子自己去面对困难，解决问题。这样孩子就会感到自己其实是有力量的、强大的、会进步的，自己有能力、有办法去应付遇到的问题和困难。

3. 一天洗八次手的孩子——该如何改善强迫性人格

晓兰的母亲是医生，她从小教育晓兰要讲卫生，比如饭前洗手、睡前刷牙等。在父母和老师的教育下，晓兰一直是一个听话、乖巧的孩子，她的房间和书桌永远都是干干净净、一尘不染的。

但是，到了晓兰13岁上初中的时候，父母发现晓兰的洁癖越来越严重了。她每天放学回到家的第一件事就是洗手，每次都要洗十几分钟，洗完以后还一定要拿酒精棉球仔仔细细地消毒一遍。晓兰的母亲数过一次，晓兰一整个白天就洗了八次手！

晓兰总是反复洗手这一行为，表示她有强迫性的人格，需要引起家人的重视，进行适当的干预和矫正。如有需要，也应配合心理医生进行治疗。

（1）强迫性人格的表现

有强迫性人格的小孩子表现不尽相同，强迫症最初的一些有特点的行为，父母需要了解掌握。

①强迫性洁癖

怕脏，总是认为外界的一切都是脏的，回到家里会反复洗手、换衣；或家中客人离去后即擦地板；在无法避免与人握手后，也会找机会反复洗手；在公共场合时感觉衣服和身体都会沾上脏东西而坐立不安等。

②强迫性计数

总是不能抑制地关注目光看到的数字，或诵读默记；数路灯杆、台阶、楼层等。

③强迫性疑虑

出门时明明锁了门，却疑心忘记锁门而忍不住返回检查；明明背包的拉链拉上了，却总要反复检查每一根拉链；晚上睡觉，总担心门没锁牢，会被小偷光顾；出门在外，又总是担心家里出现问题，感觉焦虑等。

④强迫性秩序

日常生活中，有固定的程序、动作，如睡前一定要按程序脱衣鞋并按固定的规律放置，否则感到不安；手边的用品一定要按原样摆好，横平竖直，不改变位置才行等。

⑤强迫性观念

总是有可怕的观念提醒自己，对过去的事情反复思考，反复回忆，如对不愉快的记忆总是强迫自己反复回忆，在一些重要的场合总认为自己会出丑等。

从心理学上讲，这种强迫性人格并不是病，只是一种人格特质而已。小孩子追求完美和规则，对自己要求高也并不是坏事。但是，如果孩子追求过度，且父母同样要求严格、追求完美的话，孩子就可能走向强迫症。据统计，有的强迫症患者病前就有强迫症人格的表现。

一旦形成强迫症的性格，对孩子的成长会有较多的负面影响，阻碍了孩子对世界更多的认知、与人的顺利交往以及自信的建立。这些强迫症的特质包括：任性、主观、急躁、好胜、自制能力差、胆小怕事、怕犯错误，对自己的能力缺乏信心，遇事过于谨慎、反复思考，事后不断嘀咕并多次检查，总希望达到尽善尽美。过分克制自我，在社会交往中十分拘谨，对自己要求严格，同样对身边人的要求也比较严谨，生活习惯呆板、墨守成规，兴趣和爱好不多，缺乏发现精神和开拓意识，对新事物提前忧虑、难以习惯和接受，学习及工作的主动性常不足等。

（2）对强迫性人格的矫正

调查发现，大多数孩子的强迫症都是家庭教育失误引起的。僵化刻板的生活、繁多细化的规矩、对完美的追求、对孩子过高的要求，这种种的限制都使得本身有些强迫性人格的孩子发展成强迫症。

所以，当父母发现孩子已经有了一些强迫性人格的特征时，就应及时停止对孩子过于碎细、严谨的要求，放开规矩，减少孩子的压力，及时引导，转移孩子的注意力，弱化孩子的这一人格。具体来说，可从以下几点着手。

①告诉孩子事物的不完美性

对于有强迫性人格的孩子，父母要告诉孩子人的一生中会遇到很多事情，不可能每件事情都处理得很完美。有缺憾，是正常的，也是可以接受的。只要我们努力过就好，不需要拿结果的不完美来责备自己；帮助他们认识到，这个世界也并非是完美无缺的，就像地球不是正圆形、物理的真空状态其实不存在、人也有高矮胖瘦一样。而所谓的完全洁净，通过显微镜的观察就会知道，其实是不存在的。同时，所有的规矩和规则都是为了我们更好的生活而服务的，如果人成为了规则的奴隶，就是本末倒置了。

②淡化规则，帮助孩子放松情绪

当孩子已经养成某些不可克制的强迫现象时，如洗手、计数等，父母应及时进行温和的干涉。如是卫生类的强迫行为，父母应及时纠正、淡化旧有的居家卫生规则，并带头行动，让孩子明白洁净的概念"只有相对，没有绝对"，放松自己的紧张情绪；如是计数、强迫思考一类的行为，父母应使用轻松幽默的方式，建议孩子反观自己的行为，不妨多开一些无伤大雅的玩笑，让孩子找出自己行为中不可理喻的特质，孩子也会认同父母的观点，渐渐放弃这些强迫行为。同时，扩大孩子的视野，在孩子取得一定的进步时，带孩子外出游玩，让孩子有机会接触和了解外部世界更多的事物，减弱孩子对自己旧有小圈子的关注度。

③寻回孩子丢掉的自信

此外，要适时地赞美孩子，鼓励孩子建立对自己正确的评价。还可以在孩子遇到问题时，通过传授经验、提供支持的方式帮助孩子解决问题，从而提高孩子的自信。孩子自信力充足，做事自然不再胆小怕事、瞻前顾后了。

④培养多种兴趣爱好，分散孩子过于痴迷的注意力

父母要鼓励有强迫人格的孩子多参加集体活动，多培养孩子的兴趣爱好，如画画、唱歌、跳舞、溜冰等等，以建立新的大脑兴奋灶去抑制强迫症状的兴奋灶，转移对强迫事物的高度注意力，这样就可大大改善孩子的强迫性人格了。

⑤纠正父母自身的不良性格

对于有强迫性格的孩子，父母一定要更加小心，不要责骂孩子。同时父母要反省自己的性格是否有偏差，如要求完美、有洁癖、过分谨慎、刻板等，如果有就必须立即进行自我纠正，同时与孩子进行平等的沟通，说明大人也会认识到自身的问题并改正它，消除孩子强迫性格的家庭影响，孩子的强迫症状会改正得更快。

4. "你能静一会儿吗？"——孩子得了多动症怎么办

五岁的点点一直让爸爸妈妈和老师很头痛，他没有一刻安静的时候：在幼儿园，他从来没有安静地上完一堂课；中午也从不午休，总要大吵大叫；就连玩游戏，也维持不了三分钟热度；在家里也是跑跳个不停，一会儿要看电视，一会儿要玩游戏，打开电视又要玩具。点点妈妈被他折腾得受不了，经常忍不住地冲点点大喊："你能静一会儿吗？真受不了你了！"

萌萌上小学三年级了，是个安静的小女孩，成绩中等偏下，属于那种在班里常被同学忽视的角色。但老师却无法忽视她——因为她上课时经常东张西望、心不在焉，注意力很难集中；铅笔、本子也经常弄丢不见，做作业更是随便涂改，做事有始无终。老师认为萌萌作为一个女孩太不仔细认真了，是懒惰还是家庭教育的问题呢？老师觉得应该跟萌萌的家长沟通一下。结果萌萌的母亲说，这孩子每天做功课都会拖拉到11点，为此没少打骂孩子，但也没见有什么改变。实在没主意的时候，

萌萌妈带她去看了心理医生，结果经心理医师测试后发现，萌萌居然患上了"注意力缺陷多动症"。

一般人认为，多动症儿童是不论在何种场合都处于不停活动的状态，其实，多动症中也有一种属于注意力不集中的类型。患儿多安静，不对别人造成影响，反而容易被忽略。此类型多为小女孩，因症状不明显，常受到忽视，受到隐性的压抑或打骂教育。

可见，多动症孩子常会一再犯错，家长也常会选择打骂、责备的方式来解决问题，却收效甚微。长此以往，造成了孩子学习力低下、人际关系差、自我认知差以及缺乏自信、灰色消极的性格特征，甚至引发抑郁症、焦虑症等后遗症。

专家强调，儿童多动症是一种儿童期常见的病态，不应歧视、打骂，这样只会加重孩子的精神创伤。家长应施加更多的行为纠正治疗，可以改善和减轻儿童的多动症状况。

（1）儿童多动症

儿童多动症又称注意力缺陷多动症（ADHD），或脑功能轻微失调综合征，是一种常见的儿童行为异常疾病。这类患儿的智力正常或基本正常，但学习、行为及情绪方面有缺陷，主要表现为注意力不集中、自我控制力不强、活动过多、情绪易冲动，学习成绩普遍较差，在家庭及学校均难与人相处，日常生活中常常使家长和教师感到没有办法。

据统计，2009年儿童多动症在我国的发病率约为5%，且有逐年上升的趋势，男孩多于女孩，早产儿及剖宫产儿患多动症的几率较大。

（2）多动症的诊断标准

1989年，我国中华神经精神学会通过的《精神疾病分类方案与诊断标准》（第二版）中，对注意缺乏多动障碍确定了以下诊断标准：起病于学龄前期，病程至少持续6个月，具备下列行为中4项症状的儿童应被诊断为注意缺乏多动障碍儿童。

注意缺乏多动障碍儿童症状——

①在需要其静坐的场合下难以静坐，常常动个不停；

②容易兴奋和冲动；

③常干扰其他儿童的活动；

④做事常有始无终；

⑤注意力难以保持集中，常易转移；

⑥要求必须立即得到满足，否则就产生情绪反应；

⑦经常多话，好插话或喧闹；

⑧难以遵守集体活动的秩序和纪律；

⑨学习成绩差，但不是由智力障碍引起；

⑩动作笨拙，精巧动作能力较差。

（3）儿童多动症的类型

①单纯的注意力缺乏型

这类孩子并不表现为多动，不会干扰上课或其他活动，因此家长和老师们常常会忽略这些孩子的症状。这一类型在ADHD女孩中最为常见。

②多动型/冲动型

这类孩子同时表现出多动和冲动行为，以活动过度为主要表现，一般无学业问题。这一类型的ADHD孩子人数最少，且往往年龄较小。

③混合型（注意力缺乏型/多动型/冲动型）

这类孩子表现出上述所有三组的症状，是最为常见的ADHD类型。

那么，如果家中出现了这样的多动宝贝，家长该如何应对和帮助自己的孩子？

（4）对多动症的纠治方法

①鼓励法

在孩子主动、自愿地尝试或重复一些良好的行为时，家长要及时给予语言和精神上的鼓励，使孩子乐于将好的行为转变为日常习惯。精神鼓励法简便易行，还能提升孩子的自信，建议经常使用。

②奖励法

除了鼓励之外，当孩子表现出好的行为习惯时，也要给予适当的奖励。孩子得到奖励的愉悦感，也可以促进其好习惯的养成。比如积攒小红花，达到10朵，就可以买一个孩子喜欢的玩具或一本图书等。奖励的办法，可以促进孩子自控力的提高。

③塑造法

从一些孩子感兴趣的事开始，锻炼孩子的专注力。比如孩子喜欢绘画，可以规定每天画画的时间，时间可从短到长，比如从5分钟开始，根据孩子的表现慢慢延长，但切记不可操之过急。开始由家长陪伴，待孩子可以达到了，就让其单独完成。塑造法要配合鼓励法或奖励法一起进行，强化孩子坚持做事的兴趣和决心。

当孩子能够较好地坚持完成自己感兴趣的事之后，接下来，可以给孩子限定一些自我命令需要完成的任务，来进一步强化孩子的自我行为控制力。例如，给孩子一道简单的题目，要求孩子命令自己在回答之前，依次完成以下四个动作：停——停止其他活动，安静下来；看——看清题目；听——听清要求；答——回答问题。

这种训练方法是可以随时进行的，比如在带孩子过马路时，父母让孩子按照："停"——停止走动；"看"——看红绿灯的指示；"听"——听父母告诉他可以走了；"走"——往前走，穿过马路。

在进行自我控制练习时，任务内容应由简单到复杂，完成时间应由短到长，自我命令也应由少到多、循序渐进地提高训练的难度。

④处罚法

对孩子的不良行为给予不愉快的刺激，让其感知他的这种行为是不被欣赏和认可的。这种方法可以减少或消除宝贝的某些不良行为。只是，在使用处罚法之前，家长要让孩子明白你是爱他的，处罚是帮助他改正错误的，并没有其他恶意。

另外，在处罚的方式上，父母也应灵活多变，不可采取打骂或恐吓等简单粗暴的手段。这里列出一些常用的处罚方法，供父母参考选择。

A. 直接批评指出不足

家长要用简单、直接、清晰的语言，指出孩子的错误之处，并给孩子指出正确的应该怎么做。告诉孩子，他错误的行为带给别人什么样的感受。家长态度要严肃、认真，让孩子感受到错误的行为，真的会让别人不快。

B. 取消预定的奖励

如果孩子的错误行为，经过批评、警告后都没有改正，就要取消一些预定给予孩子的奖励，如全家出行计划、他渴望的礼物、看电影、去游乐场的资格等。要让孩子从小明白，人必须要为自己的错误行为承担责任。

C. 计时"小黑屋"

小黑屋只是个比喻，并不是说有一间禁闭孩子的小黑屋子，而是父母选择某个角落或房间，限定时间，让孩子单独待一会儿。这个时间让孩子反思，他错误的行为，可能使他失去大人的喜爱或关注。但注意要掌握好隔离的时间，对于小宝贝来说时间不宜过长。

D. 冷处理

如果发现孩子的行为有些故意为之的成分，比如，孩子不听训斥，反而大发脾气、大声哭泣、耍赖，或者听了批评挤眉弄眼、故意挑衅，此时如果家长无法控制自己，大声训斥责骂孩子，不但无法帮助孩子改正他的错误，反而因无法克制自己的怒火，使自己成了孩子的反面教材。另外，这时候的孩子处于情绪兴奋之中，批评无法取得效果，还可能造成孩子的不良行为愈演愈烈的态势。这时，不妨采取冷处理，对其错误行为不理不睬，不过分关注，让其自然消退。不理不睬的态度，加上轻描淡写的引导，孩子的不恰当行为反而会消退。

（5）"多动症"与孩子顽皮的四点本质区别

另外，家长要注意区分孩子的正常顽皮与"多动症"的区别，以免造成本应该被干预的孩子被忽视的现象，而使孩子成为自尊心差、缺乏自信、情绪不稳的孩子，甚至是患抑郁症和反社会人格的孩子；或者过于干涉和管束仅仅是顽皮的孩子，扼杀了孩子鲜活的性格，导致孩子自信力降低、创造力和想象力受限，也不利于孩子的健康成长。

①注意力方面，调皮孩子对感兴趣的事物能聚精会神，还讨厌别人干扰；而多动症孩子玩儿什么都心不在焉，无法有始有终。

②自控力方面，调皮孩子在陌生的环境里和特别要求下能约束自己，可以静坐；而多动症孩子根本坐不住，静不下来，不区分环境。

③行为活动方面，调皮孩子的好动行为一般是有原因、有目的；而多动症孩子的行为多具有冲动性，缺乏目的性。

④生理方面，调皮孩子思路敏捷，动作协调、没有记忆辨认的缺陷；而多动症孩子则有明显不足。

5. "这孩子怎么像个小老头儿？"——孩子得了抑郁症怎么办

初二的小轩成绩优秀、做事认真负责，一直是班里的班长，深得老师喜欢和同学信任。班级大门的钥匙一直由小轩掌握，每天早来晚走，开门锁门，小轩一直没有出过任何差错。可是，初二期末考试这一天，小轩却犯了严重的错误。他居然因为前一天晚上复习过晚，第二天早晨睡过了头！等他赶到教室，全班同学都站在门外焦急地等待他来开门，不幸老师也在其中！大家匆匆进了教室，考试的铃声就已经响起了。气愤的老师没等考完试，当着全班同学的面就严厉地批评了小轩，言语甚为激烈。结果，小轩发挥失常，期末成绩一落千丈。从此以后，小轩一蹶不振，一贯学习优秀、活跃聪明的小轩像换了一个人，变得沉默寡言，每天独来独往，谁也不理，经常脸色灰暗、头发凌乱、神情恍惚，再也不见曾经意气风发的少年风采。

父母发现了小轩的改变，在屡次询问不果后，坚持带小轩进行了心理咨询，才知道原来小轩患上了儿童抑郁症。

据调查显示，我国目前约有20％的儿童出现抑郁症状，其中4％为需要接受临床治疗的重症抑郁。当一个一直都表现良好的孩子持续出现抑郁寡欢、忧愁苦闷的负面情绪时，父母要警惕孩子是否患上了抑郁症。

儿童抑郁症是孩子在成年前发生的一种心理障碍，与成人抑郁症表现大不相同。和成年人相比，孩子往往不知道如何表达自己的抑郁情绪，而是以自己的方式去发泄。同时，儿童抑郁症表现出来的症状也不相同，分为"外向型症状"和"内向型症状"。前者多表现为发脾气、烦躁不安、偷东西、胃口大增、睡眠增长、行动迟缓等不安定状态，表现较不"抑郁"；而后者则多表现为闷闷不乐、独自发呆、情绪低落、悲观厌世，如果父母不引起重视，这些症状也很容易被忽略。

一旦发现孩子有抑郁症的种种表现，父母应立即带孩子到医院诊治，在医生的指导下服用抗抑郁药物，切勿随便给孩子用药。同时父母可从以下几方面着手，做孩子最好的心理咨询师，让孩子远离抑郁。

（1）及时给予帮助

处于抑郁症早期的孩子，通常会向周围的人求助，表达自己的苦闷情绪，这时父母要及时给予帮助，以免孩子因失望而加重抑郁症状。

需要注意的是，有近两成孩子不会向任何人求助，这时就需要父母适时地给予孩子积极暗示，引导孩子纠正认识上的偏差，调节情绪；其次，可安排一些令孩子开心、振奋的事情，用积极的情绪来抵消消极的情绪；此外，要教导孩子学会适当的发泄，如写日记、运动、哭泣，及时排解不愉快的情绪，保持心情平静。

（2）营造温馨和谐的家庭氛围

良好的家庭支持和家庭凝聚力是孩子健康成长的持久动力。父母要经常反省自己的情绪，不要当着孩子的面争吵，以保持亲密、融洽、温馨的家庭氛围；另外，要尊重孩子，与孩子进行平等、自由的沟通，保持民主的家庭气氛，让孩子感觉到家庭是温暖可靠的。

（3）期待值不可过高

对于孩子，父母应根据孩子自身的能力和兴趣去培养，父母不可在孩子身上期望值过高，或将自己未实现的理想加诸在孩子身上，造成不必要的困扰和压力；另外要给孩子一些私人的时间和空间，让孩子的生活与学习都能在轻松、舒畅的氛围里进行。对于自我要求甚高的孩子，父母就应帮助孩子减轻压力，让孩子明白：成长为一个自信乐观的人，那么很多困难都是可以战胜的；如果只是成绩好而内心脆弱，那只是一只没用的纸老虎，而自己的孩子是不会做纸老虎的。

另外，也不能因为孩子有抑郁的倾向，就对孩子过度纵容。

（4）强化优点，锻炼抗压能力

父母应多发现孩子的长处并给予及时的表扬和鼓励，培养孩子的自信；其次，从名人传记以及自身的经验中，与孩子分享面对挫折的经验和教训，让孩子学会分析自身的问题，以及如何面对挫折、解除自身的压力；再次，抑郁的孩子往往多静少动，不愿意或排斥参加体育运动和集体活动，父母要有意识地让孩子"动"起来，引导孩子加入一些体育运动当中，比如和孩子一起打羽毛球、游泳、跑步等，或者让孩子加入一些集体运动项目，拓展孩子的社交面，让孩子的性格增加活跃、阳光的特质。另外，父母也要教会孩子学会忍耐、随遇而安和知足常乐。

（5）生活不宜过分优裕

现代社会物质丰富，很多父母都希望自己的孩子能享受到最好的照顾，但奢华的物质生活往往会让孩子产生一种骄傲自满、唯我独尊和贪得无厌的心理。这时物质的优裕，并不会得到孩子的珍惜，反而易让处于幼年缺乏生活经验的孩子忽视父母的辛苦。因此，适度的物质封锁和禁止，反而会使孩子在"好不容易"得到时分外珍惜，明白幸福生活是来之不易的。

（6）鼓励孩子多交朋友

父母平时接人待物应真诚、善良、平和，表里如一，成为孩子社交的榜样。同时，父母应积极鼓励孩子多参加同龄人的活动，让孩子体会到友情的温暖。

6. "门背后的霸王"——孩子得了选择性缄默症怎么办

小可跟父母的感情很好，跟从小一起长大的玩伴也有说有笑、眉飞色舞，可一旦面对陌生人，小可就像变了一个人——眉头紧锁、表情呆滞，从来不敢开口说话，家里来客人时她总躲进自己的小房间。妈妈带她出去参加小朋友的聚会时，她也总是躲在一边一个人玩儿。

小可上课专心听讲、认真完成作业，但是她从不举手回答问题，也从不跟同学交谈、玩耍或参加班里的集体活动。遇到必须交谈的情况，她也是用点头、摇头等动作来表示，要么就用笔谈的方式代替说话。

小可的这种情形其实是儿童选择性缄默症的表现，这样的孩子有正常的言语理解及表达能力，但语言表达在场景上和对象上有鲜明的选择性，他们可能与父母、同伴这类熟悉的人言谈融洽，却拒绝与不熟悉的人交谈，越鼓励他们讲话，越是缄默不语。通常约70%患有选择性缄默症的孩子还伴有其他情绪和行为问题。

"我只和妈妈说话！

儿童缄默症多发生在胆小、敏感、孤僻的孩子身上，父母通常都认为这是孩子过于内向的表现，却忽略了孩子可能患上了心理疾病。如果缄默症不加以治疗，孩子长大后性格通常比较孤僻，依赖性强，独立生活能力和人际交往能力都比较低下。因此，对于儿童缄默症，父母必须引起注意，并寻求专家的帮助，再辅以心理疗法，帮助孩子快速痊愈。

（1）避免精神刺激，改变教育方式

父母要加强对选择性缄默症的认识，对处在语言发育期的孩子要尽量避免各种精神上的刺激，粗暴的呵斥不会起到积极的作用，反而会让孩子因恐惧而变得更加沉默；拿别的孩子跟自己的孩子对比的评判和训斥，也只会刺激孩子敏感的神经，加重孩子的惶恐不安。父母要多多使用善意的鼓励和赞扬，而不是嫌弃式的批评。

（2）创造家庭游戏，变陌生为熟悉

父母给患儿创造一个良好、温馨的家庭环境，和谐的家庭氛围有利于与孩子的交流沟通。要鼓励孩子与同伴的交往，如果孩子表现出抗拒的心理，不愿走出家门，父母也可以巧妙利用家庭这个让孩子感觉更放松的舞台，邀请孩子的朋友、同学和老师来家中做客，一起游戏、交流。来客由熟悉到陌生，由少到多，最终，孩子在学校接触到的人都是自己熟悉的人，而忽略学校是一个陌生的环境。当孩子主动与人进行眼神、肢体语言的交流时，父母要给予鼓励，但不能强迫孩子说话。

（3）适时转移法

当孩子缄默不语时，父母和老师千万不要过分注意，让孩子觉得自己成为注意的焦点，造成孩子情绪的进一步紧张，甚至产生逆反心理。这时，可采取转移话题、换游戏项目，或带孩子外出玩耍的方法，以缓解孩子的紧张情绪。

（4）积极奖励法

在孩子情绪放松开口说话时，父母就要及时夸奖孩子，并给予奖励，积极地引导孩子的说话行为。父母可以将孩子需要和喜欢的东西作为奖励，有效地鼓励孩子的说话行为。

（5）正面暗示法

经常的、正面的暗示，对于选择性缄默症的孩子也非常奏效。可以在日常生活中，经常暗示孩子将会很快融入陌生的环境、能够顺畅地与人交流。告诉孩子，父母从他与熟悉的伙伴的交往中，看到了孩子拥有这些可贵的潜质，父母都非常相信孩子会在自己觉得适当的时候，和希望交往的人打成一片，学习他们的优点，互相帮助，成为朋友等等。这种正面的暗示，对于建立孩子的自信心，有着绝妙的推动力，临床证明，其作用不可小视。

7. 孩子是故意作对吗——说一说儿童感觉统合失调症

小飞最近把妈妈气坏了。妈妈感觉7岁的小飞就是故意在气她！比如说，明明写字用右手，他非要用左手，经常把6写成9，笔划顺序也全是反的！一写作业，小飞妈妈就头痛，他能从吃完晚饭一直折腾到睡觉，也写不了几行字。小飞妈妈觉得再不教训小飞，这孩子就管不了了。这一天正在气头上的小飞妈妈抄起一本书拍到了小飞的头上，正好被进门的小飞姑姑看到。当医生的小飞姑姑急忙制止了小飞妈妈对小飞的打骂行为，仔细了解起小飞的情况。

小飞姑姑发现小飞一点儿不笨，看上去聪明机灵，可在功课上很马虎，经常写错字、算错题。行为也有些古怪，比如身体动作有时候很不协调，常用左手去捡身体右边的东西，显得笨手笨脚的。小飞妈妈说他那是故意气她，姑姑不同意她的说法。还有，小飞的脾气也不好，别人一碰他，就发脾气，还要打人。后来，姑姑带小飞到医院做了检查，发现她的判断是正确的——小飞得了感觉统合失调症。

感觉统合失调，是指由于大脑对身体感觉器官所得到的信息不能进行正确的组织和分析，以致整个机体不能做出有效动作的现象，较多发生在孩子身上。感觉统合失调，分为视觉统合失调、听觉统合失调、触觉统合失调、平衡统合失调和本体统合失调（主要表现为动作不协调、发音不准、口吃）等。感觉统合失调会给孩子带来注意力不集中、做事拖拉、缺乏合作能力、自信不足等问题。

其他的感觉统合失调表现还有许多，如：好动不安、笨手笨脚、容易受挫、无原因地惧怕某些学科、心理障碍多、看似聪明却胆小不安、自言自语、无法和人沟通、容易跌倒或撞墙、咬手指或无法戒除奶嘴、写字无法写在框内、笔划经常颠倒、固执、脾气暴躁、发音不佳、语言发展缓慢、黏人、爱哭、性情孤僻、坐立不安、姿态不良、无法安静、挑食、偏食、餐饮习惯不佳、喜欢爬高却不敢走平衡木、怕别人碰触身体、容易吵架、喜爱旋转游戏且不会晕眩、眼睛容易酸、讨厌阅读等。

现代化都市家庭中，感统失调的孩子高达85%以上，其中约有30%的孩子为重度感觉统合失调。从总体来看，感觉统合失调的男孩多于女孩。有人将此称之为现代病，认为儿童因活动少、活动空间缺乏、父母过分包办代替或过多干涉孩子活动所造成的。

感觉统合失调症严重影响儿童的心理素质和社交能力的发展，以及智力和综合能力的提高，最具普遍性的是造成学习困难的问题。

对于儿童感觉统合失调症，越早发现，越早矫正，对孩子越好，治疗时间最好安排在7岁以前。对于那些已经出现轻微感觉统合失调的孩子，父母和老师可通过创造一个自由宽松的学习和生活环境，在专业医师的指导下，帮助孩子快速痊愈。

（1）运动疗法

如果是未满周岁的孩子，父母可以多多利用爬行的方式，让孩子通过不断努力地抬头、仰脖子来锻炼，以提高孩子的手眼协调、视听能力。

如果是已经走路的孩子，可以带孩子去感统训练的特设项目进行锻炼，如独木桥、滑板梯、滑车、平衡木、跳袋、滚筒、独脚凳、平衡踩踏车等。如：用独木桥可以帮助孩子找到"平衡统合能力"；滑板梯可以帮助孩子找回"触觉统合能力"。这类活动可有效促进孩子大脑与身体之间的协调，从而帮助孩子找回失落的感觉运动统合能力。

（2）游戏疗法

游戏一：宝盒子

（适合2~4岁孩子，触摸、视觉的判断锻炼，刺激右脑发展）

用过的纸巾盒里放入一些糖果、玩具、水果等，然后告诉宝宝，在宝盒子里摸一摸，然后说出宝物的名字，就可以拿走一个宝物。或者给他指令，让孩子按指令拿出东西来。对大一点儿的孩子，可以用否定指令，如"请把不可以吃的东西拿出来"、"请把不是圆的东西拿出来"等等。还可以用奖励的办法以增加趣味性，比如拿对了糖果，糖果就奖励给宝宝吃；拿错了，糖果就归妈妈吃了等等。

游戏二：猜猜谁在叫

（适合2~4岁孩子，听觉锻炼，刺激右脑发展）

爸爸或妈妈在被窝里模仿不同动物的叫声，比如小狗、猫咪、羊、狼和小驴子等，让孩子猜猜藏在被窝里的是什么动物。

游戏三：会滚动的箱子

（适合3岁以上孩子，锻炼身体平衡感，发展右脑功能）

让宝宝钻进电视等的外包装纸箱，缩紧身体，然后滚动纸箱，孩子一般会特别喜爱这样的游戏，会乐不可支。注意每次滚动箱子前大声问孩子"准备好了吗"，以避免伤到孩子。

游戏四：大家一起唱

（发展儿童的节奏感）

随时随地把生活中的事件编成歌曲，和孩子边唱边玩。比如刷牙、洗脸、择菜、洗碗、吃饭等，可以用一首熟悉的旋律如《生日歌》，编起来唱：我们——快来——吃—饭，我们——快来——吃—饭，我们——快来——吃——饭，天天——都要——吃—饭。

除了要注重右脑开发，更重要的就是要注重左右脑的协调开发，这样孩子的大脑潜能才能得到最大限度的开发。

（3）触觉训练

见到陌生人就哭、抵触新环境、拒绝皮肤接触的孩子，往往属于触觉过分敏感的孩子，家长可以通过简单的方法来缓解孩子触觉的敏感状况，如利用吹风机，调到微风挡缓缓吹孩子的皮肤；在孩子洗澡后用毛巾或软刷子轻刷孩子的身体，或者拿梳子轻轻敲击孩子的皮肤等。也可以让孩子多进行玩水、玩沙、游泳等游戏，增加孩子的身体接触，提高孩子对触觉的感知能力。

8. 你的孩子有学习障碍吗—— LD儿童

14岁的小强身体健康，运动细胞发达，是学校有名的体育健将；他的头脑也很聪明，数学、物理、化学、生物等科目的成绩都很好。这样一个老师、父母眼中的骄傲，语文、英语成绩却很差，小强也想提高这些科目的成绩，但是他却总记不住书上的字词，听写和拼音都很困难，阅读速度很慢。

宝贝和我一起来看书！

经过心理医生的仔细检查后发现，小强患了"学习障碍症"中的阅读障碍，因而导致他不能进行最基本的"听"、"读"、"写"活动。

儿童学习障碍（Children With Learning Disabilities）简称LD，又被译为学习低能儿童、学习失调儿童、学习无能儿童、学习失能儿童等。近年来的研究表明，导致儿童学习障碍的主要原因是儿童基本学习技能的失调，主要指听、说、写、读、拼（音）、计算等技能。据统计，学习障碍儿童的比率在3%~10%，男孩明显多于女孩，比例约为4∶1。

（1）儿童学习障碍（LD）的主要症状

LD儿童主要表现在一般认知和特殊学习技能方面的困难：

①语言理解障碍

语言理解和语言表达不良；常表现为"听而不闻"，不理睬父母或老师的讲话，易被视为不懂礼貌；有的机械记忆字句较好，且能运用较复杂的词汇，但对文章理解力不高，不合时宜地使用语词或文章，如"鹦鹉学舌"般；常表现喋喋不休或多嘴多舌，用词联想较跳跃，使人难懂在讲什么。

②语言表达障碍

言语理解良好而语言表达困难；会说话较迟，语句里少用关系词；有类似口吃表现、节律混乱、语调缺乏抑扬、说话时伴身体摇晃、形体语言偏多等。

③阅读障碍

阅读障碍是学习障碍中人数最多的，且男生多于女生，文中的小强就是严重的阅读障碍患者。这类孩子往往在运动、电脑游戏、下棋、数学等需要肢体协调能力和逻辑思维能力方面表现优秀，但在需要"听"、"读"、"写"的科目上表现很差。

读字遗漏、增字、语塞或太急，字节顺序混乱、漏行；视觉倒翻、不能逐字阅读书写、计算时位数混乱和颠倒；默读不专心，易用手指指行阅读；若是英语或拼音可整体读出，但不能分读音节；组词读出时不能提取相应的词汇，对因果顺序的表达欠佳，且命名物体困难。阅读障碍，多与左脑有关，通常可采用视觉描绘练习和眼手协调练习，来促进大脑左半球能力的发展，矫正阅读障碍。

④视空间障碍

特征是手指触觉辨别困难，精细协调动作困难；顺序和左右认知障碍，计算和书写障碍；有明显的文字符号镜象处理现象，如把p视为q，b为d，m为w，wm为mw，6为9，"部"为"陪"等。计算时错抄漏题，数字顺序颠倒，对数字记忆力不佳，应用题计算困难；空间知觉不良，方位确认障碍、空间方位判断不良，判断远近、长短、大小、高低、方向、轻重以及图形等困难。

⑤书写障碍

缺乏主动书写，写字丢偏旁部首或张冠李戴、潦草难看、涂抹过多、错别字多；手技巧笨拙（如不会使用筷子、穿衣系扣子笨拙、握持笔困难、绘画能力不佳）。有书写障碍的孩子，具有严重的视知觉分辨力差的问题，看问题时总会漏掉很多明显的信息。比如考试时会漏掉一个大题，事后他们说自己没见过这道题。之所以出现这种问题，主要是因为孩子的记忆力和视动统合能力相对落后。父母和老师经常误解这种孩子，认为是他们的学习态度有问题，还常责骂处罚孩子。事实上，这是一种特殊的学习障碍，只有进行有关的视知觉训练后，孩子的书写障碍问题才能得到改善。

⑥数学障碍

数学障碍又称"非语言学障碍"，0.1%~1%的儿童患有此症。这类孩子多在识别机械图形和完成加、减、乘、除的数学任务上表现困难，他们记不住人脸和图形，社交能力很差，在运动和机械记忆方面也有困难。这类孩子可能爱看书，也会讲故事，但空间想象能力差，学习时较为刻板，不能将新学习操作迁移到新环境中。

数学障碍可能与右脑落后有关。父母应加强孩子逻辑推理能力的开发，多进行空间想象力和数量运算的训练。

⑦不良情绪和行为

多伴有多动、冲动，注意力集中困难，不良的"自我意识"，焦虑或强迫行为动作（啃咬指甲），课堂上骚扰他人、攻击或恶作剧，社会适应和人际关系不良，品行问题等。

对于LD儿童的干预治疗，需按孩子不同的障碍症状，进行具体的训练和治疗。需要强调的是，治疗方式固然重要，训练者积极的、良性的关注与引导方式，更为重要。

（2）儿童学习障碍（LD）的纠治

①治疗计划不可超负荷，预防自我低评价

对于LD儿童的治疗的前提之一，是理解和接纳，多给予正面的肯定，强化其自信心——缺乏自信、易有不良的自我意识和放弃努力，是LD儿童的特征。要根据每个孩子的具体特点，确定治疗教育计划，避免超负荷的训练造成孩子的自我低评价，这是这类孩子最易感觉失败的地方。

②早诊早治，可提高LD治疗效果

对早产低体重儿、难产儿、高烧痉挛史儿、癫痫儿、产伤史儿、气质难养型儿等高危儿童，家长应尽早对其进行及时的咨询、指导，早发现早治疗，可以有效防止这类儿童因基本学习能力缺欠而出现丧失自信、自我评价低下、情绪障碍等等的继发性障碍。

③父母的陪伴和耐心缺一不可

鉴于LD儿童的特殊性，父母始终的介入、参与和陪伴、治疗，是必要的。另外，LD儿童的障碍和不适状态，有些甚至可以持续到成年期，因而，对于LD儿童的综合治疗，需要持之以恒，切忌急于求成。

④建立"家庭+学校+医疗机构"的多方位矫治训练

㈠家庭和学校的训练

A. 手眼协调训练

如触觉辨认训练、电脑操作训练、手语训练、视动训练、书法训练、运动等。

B. 视觉分析训练

半视野速示训练、Neker立方图辨认、点状图定位训练、结构图辨别训练、重叠结构辨认训练、方向辨认训练、物体体积面积判断训练等。

C. 结构化训练

如知觉训练、视觉理解训练、电脑训练、书写训练、意义理解训练、正确发音训练、注意力（自控）训练等。

D. 感觉统合训练

(二)医疗保健机构的干预和矫治

A. 干预程序

a. 制订个别教育计划

b. 进行个别指导计划

c. 在普通学校建立特殊教育班级

d. 时间概念的教育训练

e. 中期效果评估

B. 具体矫治方法

a. 感觉统合疗法

b. 行为疗法

c. 正负强化

d. 游戏疗法

e. 社会技能训练

f. 理解规则训练

G. 结构化教育训练

第五章

什么样的种子，发什么样的芽

孩子能否健康成长，就看父母在孩子的心田里撒下怎样的种子——播下"赞美"，就可收获孩子的自尊；播下"宽容"，就可收获孩子的爱心；播下"理想"，就能让孩子有目标、有动力、有方向……您在孩子的心里又撒下什么样的种子？这些种子，又会发出什么样的幼芽呢？

一、问题行为要及时矫正
Correct Behaviors in Time

孩子能够健康成长是每一位父母的心愿，可是，在成长过程中，孩子总是会有很多令父母难以理解的行为：有的特别淘气，有的孤僻寡言，有的过分依恋父母，有的坐立难安，有的缺乏自信，有的有问不完的"为什么"，有的做什么都缺乏耐心……面对孩子新鲜活跃的个性、层出不穷的状况，年轻的父母准备好应对的方法了吗？还是毫无准备，等待被孩子弄得措手不及？

其实，孩子种种行为背后都有其内在的心理原因。大多数孩子出现的某种不符合年龄阶段的行为偏移，只是孩子成长发育过程中的暂时、阶段性现象，会随着孩子的成长、注意力的转移而淡化、消失，但也有少数孩子的问题行为，是由孩子的心理障碍引起的。如果这些问题行为影响到了孩子的正常学习、人际交往和身心健康发展时，就必须进行干预和矫正了。

在早期干预和及时矫正儿童问题行为上，父母有着至关重要的影响。如果父母能够掌握科学的、行之有效的矫正方法，往往能及时有效地纠正孩子的问题行为，避免孩子向心理疾病发展而影响孩子的正常成长。

下面介绍几种简单实用的矫正方法，父母可以根据孩子的具体问题来实施。

1. 加法

在孩子好的行为发生时，给予积极、正面的肯定，父母及时的强化行为可以是微笑的点头赞许、竖大拇指、口头表扬、轻拍孩子的肩膀，甚至亲吻孩子的面颊等，还可设置物质奖励，如孩子喜欢的玩具、图书等。

2. 减法

当孩子不良的行为出现时，父母要保持一致态度，及时提出批评，将引起孩子不良行为的"导火索"拿走。这种方法需要父母持之以恒的精神，因为问题行为的消减是需要时间的，不可能在短期就消减，父母要保持很好的耐心，以免引起孩子问题行为间歇强化的反效果。

3. 隔离法

当孩子在某个场合或活动当中出现不适当的行为，并且在父母提出批评而孩子正处于兴奋之中不肯改正时，这时就需要将孩子从现场或活动当中暂时带离，在一处没有强化物的地方停留数分钟（一般不需太长时间），等孩子安静下来，并能接受成人的改正建议时，可将孩子带回原处，继续参加活动。比如当孩子出现虐待小动物的行为时，要冷静且坚定地对孩子说"不可以"，随即将孩子带到没有小动物的地方，并让他停留数分钟。如果孩子已意识到自己的错误，并表示会改正后，就可让他继续和小动物玩耍。

隔离法是针对孩子的某一具体问题行为，每当这一问题行为出现时，便要及时隔离。但当问题行为消失时，就应准许孩子正常活动。且在孩子出现良好行为时，要及时实施肯定的强化手段。

4. 罚取法

一旦发现孩子的问题行为，就把孩子从这个行为中获得的利益取走一部分，或将应有的权利夺取一部分，让孩子明白问题行为的严重性。比如，当孩子骗父母说午餐钱丢了，向父母索要额外的钱时，可采取在保证孩子饮食的条件下，没收孩子的零用钱，以示惩罚。

5. 修补法

对于孩子问题行为造成的破坏和引起的伤害，父母应要求孩子及时进行修补，改正自己的错误，弱化问题行为，强化改正意识。比如，当孩子发脾气乱丢玩具时，要求孩子把玩具捡起，擦干净后放回原位。

二、玩具也能矫正心理问题
Toys Can Correct Psychology Problems

孩子都喜欢玩具，父母挑选玩具往往从教育性和孩子是否喜欢的角度出发，一般只关注它们是否健康与安全，很少考虑到玩具的其他功能。

事实上，玩具不仅可供孩子玩耍，还能促进孩子身心的健康成长。父母可根据孩子的具体特质，有目的地选择玩具，借助孩子与大人最佳的"沟通天使"，在玩耍中，矫正孩子的心理问题。

1. 积木、棋类、串珠类玩具

此类玩具可以缓解缺乏耐性、注意力不易集中等问题，有利于培养毅力和注意力。但对于性格孤僻、喜静不爱动、沉默寡语和不合群的孩子，建议少采用。

2. 动态玩具

小汽车、小飞机等动态玩具、惯性玩具、声控玩具，最适合性格内向、怯生、沉默寡语、不爱动、不合群的孩子玩，可以刺激孩子与外界沟通的心理，增加孩子性格的活跃、外向性。

3. 新奇玩具

对于较为内向和自卑的孩子，拥有新奇的玩具会让孩子感觉比较骄傲，表现欲会使他们能放开胆子，向小朋友和伙伴展示、炫耀自己的玩具，提高孩子与人交往的激情和自信。同时，新奇的玩具还可以激发孩子的好奇心，让其产生探索事情真相的心理，增强孩子的创造性。

4. 制作玩具

自己动手制作玩具可以培养孩子解决问题的耐心，纠正孩子急躁、做事粗心的性格。兴趣是最好的老师，全神贯注的投入会使孩子变得心灵手巧。

三、"延迟满足"，培养孩子的自控力
"Delay of Gratification" Helps Children Form Possessiveness

自我控制能力其实是一种自立的能力，从小培养孩子的自我控制能力，可以为孩子打下坚实的心理行为基础，使孩子有毅力、有耐心去提高自己学习、工作以及社会交际的能力，成为全面发展的优秀人才。

据美国心理学家最新研究表明，自控力强的孩子，到了初高中阶段，其学习成绩通常高于其他孩子的20%。

那么，该如何培养孩子的自我控制能力呢？答案是："延迟满足"。

1. 延迟满足的概念

延迟满足（Delay of Gratification）是个体有效地自我调节和成功适应社会行为发展的重要特征，是指一种为了更有价值的长远结果而主动放弃即时满足的抉择取向，属于人格中自我控制的一个部分，是心理成熟的表现。实验说明，那些能够延迟满足的孩子自我控制能力更强，他们能够在没有外界监督的情况下适当地控制、调节自己的行为，抑制冲动，抵制诱惑，坚持不懈地保证目标的实现。因此，延迟满足是一个人走向成功的重要心理素质之一。

而如果孩子"延迟满足"能力发展不足，在学龄期就会表现出一些不良状况。例如，边做作业边看电视、边吃饭边玩游戏、上课东张西望做小动作、放学后贪玩不回家、睡懒觉上学迟到等；在个性表现中，孩子通常缺乏耐心、性格急躁、不易满足，心理问题也相对较多。而在进入青春期后，孩子通常具有两面倾向，即对外的社交易于羞怯、退缩、优柔寡断；对内的家人、熟人易于固执、偏激。平时抗压能力弱，遇挫折难于处理，常会不知所措、退缩不前和怨天尤人。

让孩子为了更美好、更圆满的未来，放弃眼下的小满足、小愿望，学会忍耐诱惑和等待时机。延迟满足能使孩子调动自身的意志力，克服当前的困难，力求获得长远的利益。而这个延迟满足的过程中，一方面减弱了孩子对物质的欲望，一方面塑造了孩子良好的精神品格。

现在生活条件提高了，家长总是能满足孩子提出的要求，但是家长对于孩子这种有求必应的行为却剥夺了孩子"自我控制能力"的锻炼机会——"延迟满足"如果缺乏，孩子的成长就会增加许多意想不到的麻烦。

2."延迟满足"缺乏带来的危害

(1)爱心制造的"毒药"

法国教育家卢梭曾在书中说："你知道用什么法子能使你的孩子得到痛苦吗？那就是：百依百顺。因为孩子的种种欲望得到满足，其欲望将无止境地增加。结果，你迟早有一天会因无能为力而表示拒绝。但是，由于孩子平素没有受到过你的拒绝，突然碰了这个钉子，将比得不到他所希望的东西还感到痛苦。"

现代的父母对孩子百依百顺、有求必应，孩子的头脑中逐渐形成了这样一个思维"定势"——我要什么马上就能有什么，结果，父母的爱反成"毒药"，孩子变得越来越贪心和任性。

(2)心理隐患的最早祸根

孩子一旦长大、离开家庭的保护，在社会当中所遭遇的挫折、打击，将成为他们无法承受和释放的压力，如果这时候才开始建立心理的自我调整和延迟满足的锻炼，显然已经太迟。据相关数据统计显示，当代青年人群的心理疾病发病率如忧郁、偏执、狂躁等等，有逐年上升的趋势。

看来，延迟满足的锻炼，不可或缺。针对不同年龄段的孩子，锻炼方法应有所不同。延迟满足能力的培养要循序渐进，从易控制的事做起。

3."延迟满足"的实施方式

(1)从零岁开始，从一分钟起步

0~3岁的孩子，在饮食时加入延迟满足的训练，是最恰当的时候。比如孩子饿了或渴了时就会大哭，这时候，父母应该学会稍微晚几秒钟给孩子喂食，让他们学会等待。如果这时孩子仍旧哭，索性就让他哭上一两分钟，一则有助于打磨孩子的耐心，再则适度的哭还能增加肺活量，对孩子的健康很有好处。如此操练一段时间，宝宝对"延迟呼应"的态度就会从"愤怒"变为平和了。

稍大一点时，可以告诉孩子他需要等待的时间，比如"给我一分钟"，让孩子习惯于建立等待的耐心。另外，可以在孩子提出要求时，给予一定的限制，当孩子达到要求时再满足孩子的需求。如孩子想吃糖果，可以告诉孩子完成某一件家务后再吃；如果孩子喜欢一辆自行车，可以告诉他，过生日的时候可以买给他。这样在等待的过程中，孩子学会了忍耐，也学会了珍惜，也培养出了孩子的好性格。

（2）延迟满足要有正当理由

父母应当向孩子讲明延迟满足的原因，让孩子明确知道父母不能立刻满足他们的理由，而这些理由应当是有道理的、正当的理由。当然，父母的许诺都要兑现，不要让孩子以为这种延迟不过是家长拖延的借口。

比如孩子想要一个价格不菲的玩具火车，父母可以告诉他，这个玩具很贵，需要父母有计划地花钱，等有这个钱的时候再买给他。或者孩子吵着要吃很多的糖，这时就要告诉孩子，过多的糖会让孩子长虫牙，长虫牙的痛苦是将来什么好吃的东西都吃不了了。

（3）不为孩子的哭闹所左右

有的孩子很任性，当父母不能及时满足他们的要求时，会用哭闹来抗争，这时父母一定要态度平和而坚决，不可被孩子的情绪所左右，做出让步。必须让孩子明白：第一，生活中并不是所有的东西都是想要就可以立即得到的；第二，哭闹不是解决问题的办法，讲道理才是解决问题的正确方法。孩子会试着按照父母的意图做，要么等待，要么通过付出努力得到想要的东西。

（4）及时表扬很重要

当孩子接受了父母的延迟满足安排时，父母一定要及时表扬孩子，以强化孩子的良好行为再次出现，使之发展成为优点。如孩子通过做家务而获得喜爱的玩具时，父母可以表扬孩子是个热爱劳动的好孩子；当孩子有计划地攒钱买到了想要的东西时，父母可以表扬孩子是个有计划能力和节俭美德的好孩子。这时父母也可以加上一些额外的奖励，表示对孩子的作法的支持和鼓励，让孩子除了物质之外，在精神上获得肯定、满足和快乐。

"延迟满足"的目的在于训练孩子的自我控制能力，学会忍耐。而有延迟满足能力的孩子，在今后的学习中更易成功，在未来的人生路上也会更有耐性，较易适应社会。因此，爸爸妈妈不要因为爱孩子而一味地满足他，延迟满足能让孩子将来获得更大的成功。

四、呵护"自尊"的珍贵幼苗
Protect Children's Self-Respect

自尊心是一个人成长的精神支柱，也是自我发展的内在动力。人人都有自尊心，千万不要认为孩子小就可以随意伤害、不用尊重。年龄越小，心灵越不设防，越容易受到伤痛。孩子就如同一棵幼小的嫩苗，当其尚未成长为具有自我保护能力的强壮大树之前，任何来自外界的暴风骤雨、激流黄沙都有可能将其湮灭——孩子尚未形成对于自我的恰当认定与强健的自我保护能力，任何来自外界的负面、消极的评价、导向或暗示，都有可能给孩子的自我预设和自我建立，带来决定性、毁灭性的影响。我们经常看到这样的现象：班级中总会有一小部分同学被老师、同学"定义"为学习不好、调皮捣蛋、不思上进，甚至无可救药的"坏学生"。久而久之，"坏学生"也会认可自己是坏学生，这一辈子很可能没有出息、一事无成。"破罐子定律"说的就是，当别人对其印象不好时，他就更是破罐子破摔；当他破罐子破摔时，别人更认定他的不好，形成恶性循环。可想而知，如果按这个定律发展下去，这个孩子的一生就毁了。

其实，"人无完人"，无论哪一个人，都是缺点与优点并存的载体。而如何发挥长处、改正短处，是每一个人毕其一生都要不断努力的功课，而不是说只有孩子需要改正缺点、只有孩子有缺点。如果父母和老师能够将"不怕错误和缺点，但应该以不断上进和改正错误为目标"的观念传达给孩子，相信孩子也会从中寻找到改正缺点的动力、保护自尊和建立自信的勇气。

1. 赞美，"自尊幼苗"不可缺少的阳光

在现实生活中，不难发现，经常得到老师和家长赞美和表扬的孩子，常常充满自信、态度柔和、大方亲切、有上进心；而常常遭受到父母当众嘲笑和责骂的孩子，则常常表现得缩手缩脚、缺少自信、表情愁苦或对外界充满敌意和提防。由此不难发现，每一个孩子都希望得到父母的赞赏和他人的肯定。父母要善于发现孩子的优点和进步的行为，及时给予赞赏，孩子会因此感觉到自己是受欢迎的、被重视的、不会令人失望的和有能力的。这对于孩子从小建立自尊心和自信心，将来能够实现自我价值，是极为重要的。比如，孩子以前的学习成绩可能不好，但是这次考试多了一分，父母也要及时给予赞赏，并鼓励孩子："我们就知道你一定会进步的！没有说错吧？孩子你真能干！我们一直就相信你会做得更好！"另外，经常将充满鼓励的小纸条放在孩子的书本中，或将表扬孩子的自制小花朵、小奖状贴在门上或冰箱上，让孩子感受到父母对他的关爱和重视。

赞美，是孩子自尊幼苗成长离不开的珍贵阳光，会照亮孩子前行的旅途，让孩子充满自信地快乐上路。

2. 让孩子负责自己的事

有些父母，会代替孩子写作业；有些父母，会替孩子背书包，替孩子洗孩子应

该自己洗的衣服；有些父母，会提前处心积虑地为孩子考虑生活当中可能遇到的任何问题，并提前防范，如在孩子住校时，怕孩子没水喝而提前购买许多矿泉水给孩子储备，在孩子夏令营时怕孩子饿着而给孩子买许多零食。也许父母觉得这是在帮助孩子，其实这不但不能帮助孩子增强解决问题的能力，还会打击孩子的自尊心。父母不妨退后一步，放开手，只给予孩子鼓励，让孩子迎接挑战，独立解决问题，无论是顺利还是失败，孩子都能从中获得宝贵的人生经验。

3. 尊重孩子对物品的所有权

很多时候父母认为孩子是没有自主权的，常会按照自己的意愿处理孩子的物品。比如孩子有一件穿旧的衣服，父母认为孩子是不需要的，就将它送给亲戚朋友什么的，但事实上孩子可能很喜欢这件衣服，甚至想一直保存下来留作纪念。因此，父母要尊重孩子对物品的所有权，让孩子自己处理他们的物品。

4. 帮助孩子正确处理身体方面的问题

孩子在面对身体不断生长而带来的诸多烦恼时，如粉刺、雀斑、肥胖、矮小、身体性征发育等等，常因缺乏指导和认知的标准，而变得敏感、自卑和手足无措。而孩子在与同龄人的对比中产生的自我贬低，又会直接损害他们的自尊。这时父母要及时开导，帮助孩子解决精神上的负担，教给孩子控制和解决这些问题的方法。同时，父母也可将自己青春期遇到的问题和状况与孩子分享，或给孩子讲述一些有同样问题的人们的成功事迹，让孩子明白身体方面的问题有时候是暂时的、会改变的；人的外表，并不会成为人生发展的阻碍，让孩子不要太在意自己的外表。

5. 孩子贬低自己时父母要干预

当父母发现孩子对于自己的认知有贬低的倾向时，应及时寻找孩子这样下定义的理由，倾听孩子的苦恼，帮助孩子解决问题，提升和恢复孩子应有的自尊心。如利用一些可以发挥孩子长处的活动，增强孩子的自信；或设置一些不难实现的目标，让孩子完成等。

五、让孩子学会分享
Teach Children to Share

中国人倡导分享、共享的精神，从小就教育孩子要把好吃的、好玩的与其他小朋友一起分享。有的父母看到自己的孩子不允许别人动自己的东西，或不肯与其他小朋友分享零食时，就认为孩子过于"小气"了。其实父母不需过于操心，因为随着孩子的成长他自然会懂得分享。

在培养孩子的分享意识时，很多父母都会操之过急，常可见父母强迫孩子将自己心爱的东西与人分享，惹得孩子大哭。其实，孩子建立分享意识是一个漫长的过程，整个过程大概需要几年。首先，孩子要先建立自我意识，意识到自己对物品的所有权。然后，经过父母的示范，以及社会交往活动的实践，感受到与人分享后的乐趣，孩子才会慢慢建立起自觉的分享意识。

在培养孩子的分享意识时，父母要注意避免这方面的一些误区，以免阻碍孩子分享意识的建立。

1. 分享意识的三个误区

(1) 分享只是孩子与孩子间的事情

分享是一种社交活动，不局限于亲人、朋友、同学等。但在培养孩子的分享意识时，许多家长却误认为分享是孩子间的事情，从而让孩子失去了很多与家人分享而获得快乐的机会。事实上，只有经历过与父母、兄妹等最亲密的人的分享乐趣后，孩子才可能建立起与他人的分享关系。

在家庭生活中，父母应与孩子处于同等地位，孩子只有感受到真正的平等才能感受到快乐，感受到给予他人的快乐和被给予的快乐，才会刺激他们在社会交往中主动进行分享。

（2）心爱的东西是可以给任何人的

父母常常强迫孩子把最心爱的东西交出来，这实际上是对孩子的一种伤害。事实上，当孩子真正建立了自己与他人的划分界限，才能真正懂得分享。所以，即使孩子不舍得分享自己最心爱的物品，也不会阻碍他们分享意识的建立和完善。

分享首先是一种获取快乐的行为，孩子有权选择分享的对象、分享的物品和分享的时机，就如同每个成人每天所进行的选择一样。如果孩子不能从他们的分享行为获得快乐，那么也就失去了分享行为本身的意义。

（3）做出分享只为得到随后的奖赏

很多孩子乐意拿出东西与他人分享，其实并不是因为分享行为本身会给他们带来快乐，而是因为很多父母会采取各种办法让孩子进行分享，然后给予孩子超过分享物品本身价值的奖赏。有时孩子为了父母的这种鼓励和奖赏而做出分享行为，这就扭曲了分享行为本身的意义。

2. 分享意识的正确培养

那么，该如何在家庭中，培养孩子的分享意识呢？

（1）父母是孩子分享教育的最早榜样

有关研究显示，表现出更多主动性和亲社会行为的孩子，一般都有较为亲和、活跃、社会关系良好的父母。幼儿的学习是从幼儿觉得值得尊敬的、熟悉的关系当中获得，这证明父母对幼儿影响的重要性。那么，孩子分享意识的建立，就需要父母在日常生活中做好榜样作用，多与人交往合作、分享快乐，让幼儿在潜移默化中学会分享的意识和行为，体会分享的快乐。

孩子的行为是从他所熟悉
和亲近的关系中学习来的

（2）建立分享的规则

给孩子确立一些分享规则，孩子会更容易接受分享的行为。比如说，有一些孩子不愿与人分享，是怕自己的物品被人玩坏，或被抢走；还有一些孩子只愿与自己的好伙伴一起分享；或者想分享别人的玩具却不会使用合适的语言来表达自己的意思，于是就用简单直接的抢夺或霸道的态度强取等。因此，分享规则的建立会让孩子在分享时充满安全感，也更乐于分享。

①礼貌分享

想与别人分享物品或事物时，应先礼貌地向拥有者征求意见，例如"我能玩这个吗？"用完之后，应该说："谢谢！"

②损坏有责

分享他人的物品时要爱护，不能随意损坏。若是损坏，应承担赔偿或修复的责任。

③平等分享

有些孩子只愿与要好的伙伴一起分享。这时候，父母应该让孩子学会换位思考：如果别人不给你玩他的玩具，你是不是很伤心？如果别人把自己的玩具给你玩，你是不是很开心？学会换位思考，孩子"平等分享"的规则就会建立起来了。

④轮流分享

当几个孩子同时对一件物品发生兴趣时，要让孩子们学会有顺序地玩耍，告诉孩子争抢玩具是自私的行为。

⑤客人优先

如果是邀请了客人来家里玩，那就要给自己的孩子建立先客后主的"客人优先"规则，即家里好玩的玩具应该让给作客的小伙伴先玩。当然这种规则可能会遭到孩子的反对，让孩子觉得委屈：为什么自己的玩具要先让别人玩？凭什么？这时仍然是利用换位法，让孩子体会如果到别人家作客，是否也希望对方照顾自己先玩呢。答案一样是肯定的。忍耐和谦让，也是孩子在社会生活当中应当学会的必备美德。

（3）多创造分享的场合和机会

父母可以有意识地在家中让孩子学做小主人，学习招待父母的客人。也可以在一月当中或一周当中的周日或节假日，邀请孩子的小伙伴来家中做客，给小伙伴们分配物品、玩具等。在分享的过程中，幼儿会得到站在对方角度、体验他人情绪的学习机会。

（4）及时表扬

分享，不仅有物质的，也有精神层面的，比如孩子与别人分享一本好书的读后感，或者一次出游的经历，这些都是美好的分享。当你的孩子与别人分享他的玩具、食物，或某些情感体验时，及时给予孩子赞赏和表扬是非常必要和明智的选择。对孩子的行为进行正面的强化，有利于孩子建立稳定、自信的分享精神。

而当孩子不愿与人分享物品，有独占或争抢的行为时，父母也应及时告诉他这样做是错误的，纠正他的行为。

分享意识的建立，对于幼儿一生的发展极为重要。具有分享意识的孩子能够更顺利地融入社会和人际关系当中，被同伴和集体接纳，是孩子健康成长的重要保障之一。

和别人分享快乐，那一个快乐就变成了两个快乐！

六、帮助孩子建立自信
Help Children to Form Self-confidence

西方有位心理学家说："对一个人最大的伤害是伤害他的自信心，对一个人最大的帮助是帮助他树立自信心。"

人的能力就像面团，自信犹如酵母。孩子在成长过程中会遇到很多挑战，一个自信的孩子往往勇往直前，克服前进道路上的种种困难，攀登人生的最高峰；而一个不自信的孩子，在面临困难时往往畏缩不前，成就就更谈不上了。

然而，信心并不是唾手可得的，也不是与生俱来的，而是父母在孩子的成长过程中，一点一滴帮助他培养起来的。想要孩子成为什么样的人，首先得让他深信自己是什么样的人。如果父母重视对孩子自信心的培养，那么从孩子婴幼儿时期开始，就要有意识地去培养孩子，孩子就可能变得自信而开朗了。

1. 父母转变价值的观念

很多父母并不注意也不重视孩子的"自信心"这个问题，只关注孩子的分数和成绩。在孩子考试不理想或课堂表现不好时，经常给予严厉的批评和惩罚，使孩子产生莫名的罪恶感，从而摧毁他们的自信心，造成孩子的成绩日益下滑，对学习缺乏兴趣。美国心理学家开展了一项对1500名儿童长达30年的追踪调查，调查结果显示：一个人取得成就的多少并不在于智力高低，而在于其个性和品质。

因此，要建立孩子的自信，父母首先要转变观念。条条大路通罗马，建立起孩子的自信，孩子一样会有很好的成就。

2. 进行建设性的批评

心理学理论中，最上乘的说服方式是"感化—讯息—感化"。在说服的过程中不将讯息直接传达给对方，而是在讯息后施以"感化"的工作，以此收到良好的效果。教育孩子时父母可灵活运用此原理，既能指正孩子的错误，还能在不打击孩子的自信的情况下让孩子接受意见。

比如，当孩子缺乏信心或失去信心时，父母可对他说"嗯！你做得很不错呀！"或"想必你已用心去做了！"等表示支持的语言，也就是前段的"感化"；然后再鼓励孩子："如果能再稍微注意一点儿，相信下次可以做得更好。"这种积极有建设性的批评，目标具体明确，能使孩子保持自信，与父母积极沟通，不断进步。

3. 给孩子自主选择的权利

孩子在两岁时开始具有自我意识，对父母的命令开始产生逆反心理。因此，父母应该意识到孩子是独立的个体，应给予他们更多的空间和选择的权利，鼓励孩子自己做出决定，即使那个决定与父母的意愿并不相同。不过，这时也应注意一个度，既不能过于压制，让孩子对父母过分依赖，丧失对自我价值的肯定和认知；同时也不能过于宽松，给孩子巨大的压力，觉得自己做不好就对不起父母。

给孩子自主选择的权利，还表现在与孩子的平等相处和交流上，让他们拥有充分的发言权。中国的父母习惯将自己的意愿强加给孩子，这让孩子觉得自己连说话的权利也没有，阻碍孩子自信心的建立。

4. 给孩子积极的自我暗示

我是最棒的！

很多父母亲都有一种错误的观念，认为孩子必须拥有专长后才能建立信心。其实有无自信心对孩子来说才是最重要的，而不是专长。平日生活中，父母应给予孩子适当的表扬，告诉孩子他很棒，多给孩子积极、正面的暗示，久而久之，孩子也会将这种认定内化为自己的意识，孩子就会成为一个有自信的人。有一句话说得好：想要让他成为什么样的人，就让他相信自己正是什么样的人！

七、保护孩子的好奇心
Protect Children's Curiosity

好奇心是孩子认识世界的最佳向导。好奇心受到良好保护和激发的孩子，将表现出更多的自信、更积极的上进要求、更良好的个性品质和积极的情感体验，为孩子今后的成长打下坚实的基础。

随着孩子的成长、视野的开阔，孩子的好奇心会越来越大，提出的问题越来越多。可是，有些孩子年龄越大，提出的问题却越少，这多是因为父母对孩子的问题采取拒绝、阻止的态度，慢慢地泯灭了孩子的好奇心与探索欲望。随着好奇心的泯灭，孩子就不再去主动认识世界，认识世界的能力开始降低，随后可能会慢慢地失去本身应该具有的独创性。当一个人没有了好奇心和独创性，也就失去了主动认识问题和解决问题的能力。

所以，父母应该保护好孩子的好奇心，认真回答孩子提出的每个问题。即使当时因为繁忙无法解答孩子的问题，也应在随后抽出时间给予孩子解答。有时候，孩子问的问题可能父母也解答不了，这时家长可以与孩子一起探索、了解新的知识，寻找答案；有时候孩子问的问题，是无法用孩子所能理解的知识解释清楚的，这时就应以简明的语言将情况加以说明，并说清楚这些问题的答案属于哪一学科的知识，而这些知识是孩子尚未掌握和理解的，等他再长大一些，具备了相关知识后，再给予解答。孩子在理解大人的同时，一方面不会因找不到答案而沮丧或抱怨，另一方面还会激起孩子学习和了解某类学科知识的渴望，有助于孩子的学习进步和对于未知世界的探索。要保护好孩子的好奇心，父母应注意做到以下几点。

1. 小心呵护孩子的好奇心

孩子在三岁之后，是最好动、最调皮、最难管的时期，用一些大人想象不到、比较过激的行为来释放他们的好奇心，几乎是这个年龄的宝贝都会干的"坏事"，比如乱丢、乱砸东西、拔出花草、捞起金鱼、弄坏电器、涂画墙壁衣物等等。

此时不应责骂孩子，因为孩子需要在实践中体验并积累经验，损坏物品并非故意，只是想以他们的方式获得知识。此时应以温和的态度，将孩子带离被他破坏的现场，并讲解不可以这样做的原因，同时创造条件，在父母的监护下，让孩子在安全的状况下，动手操作安全的物品，进行好奇心的试验，这才是呵护孩子好奇心的正确做法。

2. 巧妙引导孩子的好奇心

在日常生活中，有心的父母可以在许多平凡的日常事物当中，巧妙引导，激发孩子的好奇心，去探索未知世界。

例如，孩子不愿意吃蔬菜，可以告诉孩子：蔬菜吃了什么变成绿的了呢？那我们吃蔬菜多了以后会不会也变绿呢？我们做个实验好不好？以好奇心带动孩子吃蔬菜，并在这个过程中，讲解植物与人的"生活方式"的不同的知识、蔬菜的营养知识等。比如吃香蕉时，可以让孩子自己动手，引导他说："宝宝来给香蕉脱衣服，看看是不是比宝宝的衣服好脱啊？"让孩子的探索行动变得好玩、有趣。

3. 为孩子的好奇心找到正面的释放途径

对于孩子来说，对外部世界的探索，从来没有固定的规则与应该遵守的原则。所以，坏事一大堆、闯祸一大堆是常有的事，常令父母防不胜防、头痛不已。客厅、厨房、公园、车厢甚至马路等，都是宝宝产生好奇、提出问题、进行探索的场所。父母应该根据孩子的身心发展情况和兴趣，适时引导，提供给他们安全的场所、物品和实践的机会，在保证孩子安全的前提下，鼓励他们动手体验。比如，当孩子好奇地在厨房东摸摸西摸摸时，便可安排他干点力所能及的活，如洗菜、洗碗，同时学习一些蔬菜的知识等。

结语

　　几乎可以肯定的是，仅仅按照这本书里说的那些，不是每个父母都能培养出像比尔·盖茨、撒切尔夫人那样成功的人物。但是通过对孩子心理的了解，我们相信，至少每位父母都有机会成为一位成功的父母。成功的父母会了解孩子的心理，保护孩子的好奇心，尊重孩子的个性，理解孩子的行为，激发与培养孩子的学习能力、创造能力和独立生活的能力，让您的孩子拥有良好的道德品质、独特的个性魅力。或许您的孩子并不能成为像比尔·盖茨那样的成功人士，但他/她一定会拥有一个美好的精神世界，保持自己心灵的快乐与充实。从这一刻起，让你的心灵安静一下，去倾听一下孩子的内心深处的想法吧，你会发现你的孩子比你想象的更加可爱与优秀。

　　每一个孩子都是上天赐予人间的天使！

图书在版编目(CIP)数据

我的孩子在想啥？ / 李茜编著． --成都：成都时代出版社，2011.4

ISBN 978-7-5464-0363-2

Ⅰ．①我… Ⅱ．①李… Ⅲ．①儿童心理学 Ⅳ．①B844.1

中国版本图书馆 CIP 数据核字 (2011) 第 034060 号

我的孩子在想啥？
WODE HAIZI ZAIXIANGSHA

李茜 编著

出 品 人	段后雷
责 任 编 辑	张慧敏
责 任 校 对	邢 飞
装 帧 设 计	◎中映·良品 （0755）26740502
责 任 印 制	莫晓涛

出 版 发 行	成都传媒集团·成都时代出版社
电 话	（028）86619530（编辑部）
	（028）86615250（发行部）
网 址	www.chengdusd.com
印 刷	深圳市华信图文印务有限公司
规 格	787mm×1092mm 1/16
印 张	12
字 数	220千
版 次	2011年4月第1版
印 次	2011年4月第1次印刷
印 数	1-15000
书 号	ISBN 978-7-5464-0363-2
定 价	29.80元